...rkt, eingetragen in den Plan des Berliner

...s dem Jahre 1812

Markgrafen Straße

l'armen Straße

Straße

Straße

Straße

13. Wohnhaus Französische Straße 43

14. Wohnhaus Unger

15. Maison d' Achard

16. Scheibles Hotel

17. Boumann'sches Haus

18. Königliche Lotteriedirektion

19. Königliche Preußische Seehandlung

20. Königliche Schuldenverwaltung, zeitweise auch Königliches Salzkontor

21. Haus "Zum weißen Schwan"

22. Wohnhaus Mohrenstraße 28

23. Wohnhaus Mohrenstraße 24

N

Straßen, Plätze und Bauten Berlins

Laurenz Demps

Der schönste Platz Berlins

Der Gendarmenmarkt
in Geschichte und Gegenwart

Henschel Verlag Berlin

Abbildung auf dem Einband:
Der Gendarmenmarkt mit Französischer Kirche und Französischem «Dom»,
Schauspielhaus und Schillerdenkmal

ISBN 3-89487-012-5
© Henschel Verlag GmbH, Berlin 1993
1. Auflage 1993
Gesamtgestaltung: Günter Hennersdorf
Vorsätze: Günther Lück
Printed in Germany
Satz: TypoLINE – Karsten Lange, Berlin
Druck: Interdruck Leipzig GmbH

Inhalt

«Nichts bleibt so, wie es ist» – wo, wenn nicht an diesem Ort Berlins, kann man die Weisheit einer solchen Sentenz begreifen. Dreihundert Jahre – zehn Generationen – haben hier ihre Spuren hinterlassen, die teilweise schwer zu entwirren, gleichwohl aber vorhanden und damit nachzuzeichnen sind. Der Ort ist Geschichte und als Schauplatz der Geschichte sehr lebendig. Wir sind auf unsere Weise Zeitzeugen und können hier Vorgänge der Gegenwart bewerten, die allerdings ohne Kenntnis der Vorgeschichte dem Menschen des 20. Jahrhunderts nur schwer durchschaubar bleiben müssen. Wagen wir angesichts der großartigen Bauten auf dem Platz und der Randbebauung einen Blick in die Vergangenheit, der kursorisch einige Aspekte des Lebens unserer Vorväter berührt. (Abb. 1)

Zur Namensgebung

Zunächst sind einige Erklärungen zum Namen dieses Platzes, der vielen als der schönste in Berlin gilt, angebracht. Das betrifft einmal die Bezeichnung Gensd'armen-Markt (zwischen 1950 und 1991 Platz der Akademie) und zum anderen die Begriffsbildung Französischer und Deutscher Dom.

In den wenigen erhaltenen Akten trifft man bis gegen 1800 kaum auf den Namen Gensd'armenmarkt, wir können ihn erstmals in einer Zeitungsnotiz von 1778 lesen, die Bezeichnung war vielmehr «Friedrichstädtischer Markt». Eine aktenmäßige Absicherung konnte nicht aufgefunden werden, vermutlich hat eine offizielle Benennung auch nie stattgefunden. Aus der Entwicklung des Platzgedankens ergibt sich vielmehr die Schlußfolgerung, daß eine Namensgebung nicht nötig war. Alle Platzwände traten zu den Straßen, die sich (auch mit den Namen) über den Platz hinweg fortsetzten. «Friedrichstädtischer Markt» war eine Ortsbezeichnung in dem Sinne, daß es sich um den Markt in der Friedrichstadt handelte. Ebenso wurde der Name Gensd'armen-Markt nicht verliehen, er entstand im Laufe der Zeit. Es ist also auch hier nur eine Ortsbezeichnung zu vermuten; wir werden sehen, woher sie möglicherweise kam. Unterstützt wird dies durch die verblüffende Tatsache, daß es nie ein Straßenschild «Gendarmenmarkt» gegeben hat; wo hätte es auch stehen sollen? Man hätte dafür Straßenbezeichnungen aufheben müssen.

Ähnlich verhält es sich mit den Bezeichnungen Deutscher und Französischer Dom, denn auch sie beruhen nicht auf einer offiziellen

*1 Blick auf Berlin von Westen, unbekannter Künstler,
um 1650–1660, Stiftung Schlösser und Gärten Potsdam-Sanssouci*

Namensgebung. In den Akten wird immer schlicht von Turmbauten gesprochen, das Wort «Dom» wurde offenbar von den Berlinern spontan dafür verwendet, obendrein fälschlich, denn dieser Begriff ist im deutschen Sprachgebrauch eindeutig besetzt: Damit wird die Hauptkirche eines Sprengels bezeichnet, die Sitz eines Bischofs oder eines Domkirchen-Kollegiums ist. Das trifft für keinen der beiden Türme zu, die ja nicht einmal Kirchen waren.

Friedrich Nicolai, der Berliner Aufklärer, bringt uns durch seine Beschreibung aus dem Jahre 1786 auf die entscheidende Spur: *«Das ganze Thurmgebäude besteht aus drei Theilen: 1) dem unteren großen Viereck, dessen hintere Seite mit der Kirche verbunden ist, und dessen drey übrige Seiten mit Vorsprüngen und Säulenlauben, jede von 6 korinthischen Säulen, geziert sind ... 2) der Dom, 56 Fuß im Durchschnitt; er besteht aus 12 freystehenden korinthischen Säulen, nebst dementsprechenden Wandpfeilern ... 3) die Kuppel, von Holz mit Kupfer gedeckt, grün angestrichen, und mit goldenen Rosetten geziert ...»*

Hier haben wir eine Erklärung: Das ganze Gebäude hieß «der Turm», und nur ein Teil von ihm war «der Dom». Diese letztere Bezeichnung kam erst am Ende des 18. Jahrhunderts auf in Anlehnung an das französische Wort «dôme» für «Kuppelkirche». Der Begriff Deutscher oder Französischer «Dom» meint also nur «Kuppelkirchen», aber da es gar keine Kirchen sind, ist diese Namensgebung jedenfalls widersprüchlich, abgesehen davon, daß sie sich eigentlich nur auf die Säulentrommel mit der Kuppel bezieht. Mit einem Wort: Die Bezeichnung «Türme» ist exakter, auch wenn sich die Bezeichnung «Dome» durchgesetzt hat.

Der Platz entsteht

Wer heute auf den rechteckigen Platz mit den großartigen Architekturen tritt, erkennt bei genauem Hinsehen eine Einteilung in drei gleichgroße Felder. Bis in die zweite Hälfte des 17. Jahrhunderts war das Gelände landwirtschaftlich genutzt und lag außerhalb der mittelalterlichen Stadtanlage und der ersten Stadterweiterungen nach dem Dreißigjährigen Krieg. Von 1659 bis 1683 entstand um die bisher bebaute Stadtfläche eine Festung. In einem Winkel vor zwei Bastionen der Festung lag das Gelände, auf dem nach 1688 der Gendarmenmarkt entstand. (Abb. 3) In diesem Jahr wurde eine neuerliche Stadterweiterung vollzogen, die die bisherigen, sich in Richtung Westen erstreckenden (Abb. 4), nun nach Süden abrundete und damit einen geschlossenen Stadtgrundriß schuf. Diese neue Stadt, Friedrichstadt genannt, verfügte über ein regelmäßiges, der damaligen Zeit entsprechendes modernes Straßennetz ohne jede Hervorhebung. In den ersten Planungen waren weder Plätze noch Standorte für öffentliche Gebäude vorgesehen.

Am Ende des 17. Jahrhunderts gab es verschiedene Vorstöße, diesen Zustand zu ändern. Alle Überlegungen konzentrierten sich darauf, an die Stelle des heutigen Platzes das Zentrum der neuen Stadt – später des Stadtteils – zu set-

2 Flüchtige Kopie der Entwurfszeichnung (?) für die Friedrichstadt, um 1695/96, Hugenottenmuseum, Berlin

10

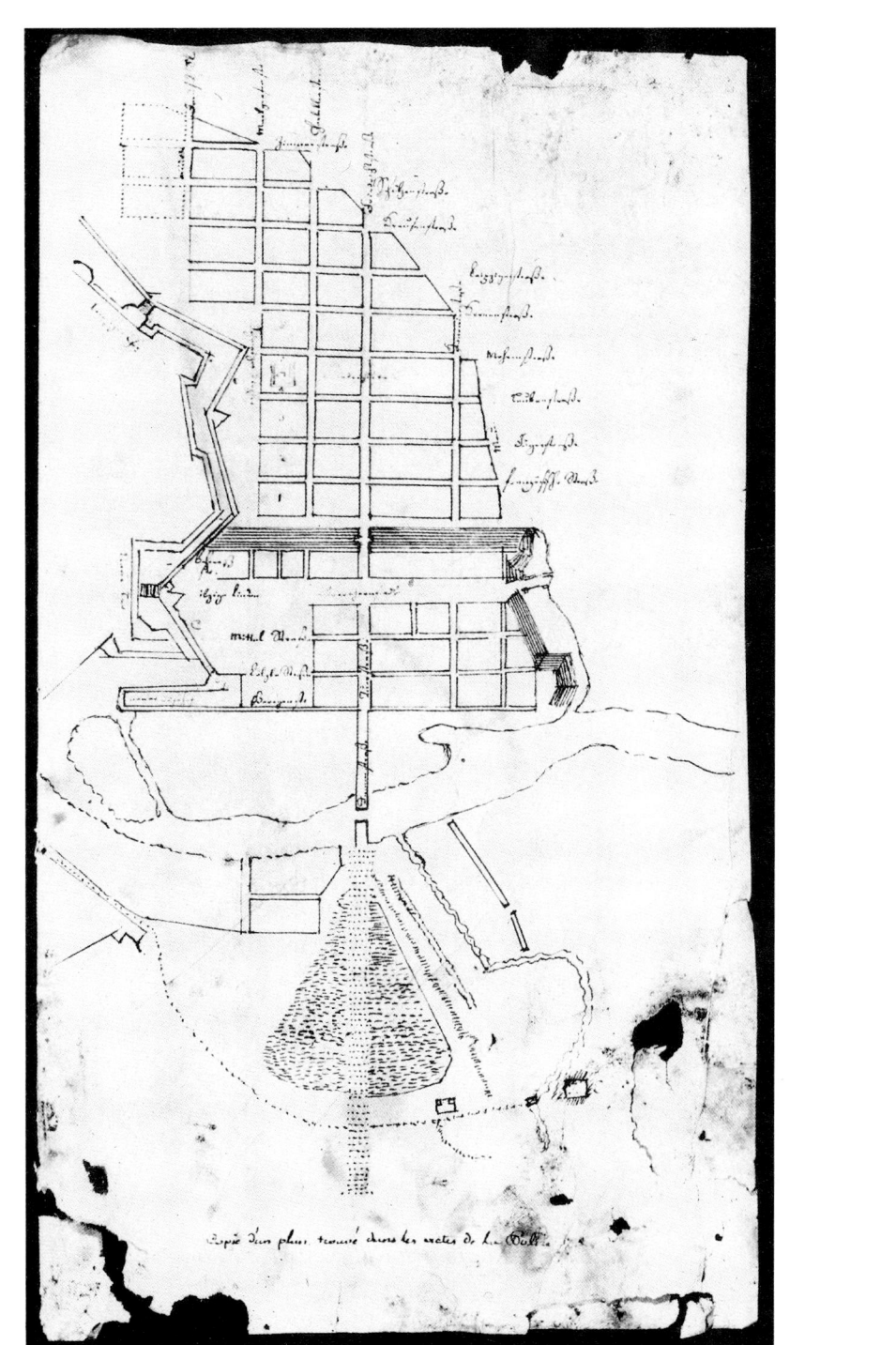

Copie d'un plan trouvé dans les actes de L. Dell

*4 Der Platz am Zeughaus, kolorierter Kupferstich von
Georg Friedrich Schmidt, vor 1740, Märkisches Museum, Berlin*

zen. Ursprünglich lag also der Platzgestaltung keine barocke Idee zugrunde, sondern der Platz wurde nachträglich in das vorhandene Straßenraster eingefügt. (Abb. 2 und 8) Im Ergebnis dieser Überlegungen kristallisierte sich offensichtlich wohl der Gedanke heraus, zwei spiegelbildliche Kirchen – einander gegenüberliegend – zu bauen und eine große Verkehrsachse, vom Schloß kommend, auf diesem Platz enden zu lassen oder über ihn hinauszuführen. (Abb. 5) In der heutigen Jägerstraße ist noch durch einen Straßenknick diese dann abgebrochene Planung auszumachen.

Neue Schritte löste die Einwanderung der Hugenotten nach Brandenburg/Preußen aus. Die calvinistischen Hugenotten wurden im ka-

3 Ausschnitt aus dem Plan von N. La Vigne, 1685

13

*5 Ausschnitt aus einem Idealplan von Jean Baptiste Broebes
mit einer Gestaltungsvorstellung für den späteren Marktplatz,
um 1700 (Stich von 1733)*

Chur-Brandenburgisches

EDICT,

Betreffend

Diejenige Rechte / Privilegia und andere
Wolthaten/ welche Se. Churf. Durchl. zu Brandenburg denen Evangelisch-Reformirten Frantzö-
sischer Nation so sich in Ihren Landen nieder-
lassen werden daselbst zu verstatten gnä-
digst entschlossen seyn.

Geben zu Potstam/den 29. Octobr. 1685.

6 Titelseite des Edikts von Potsdam, 1685

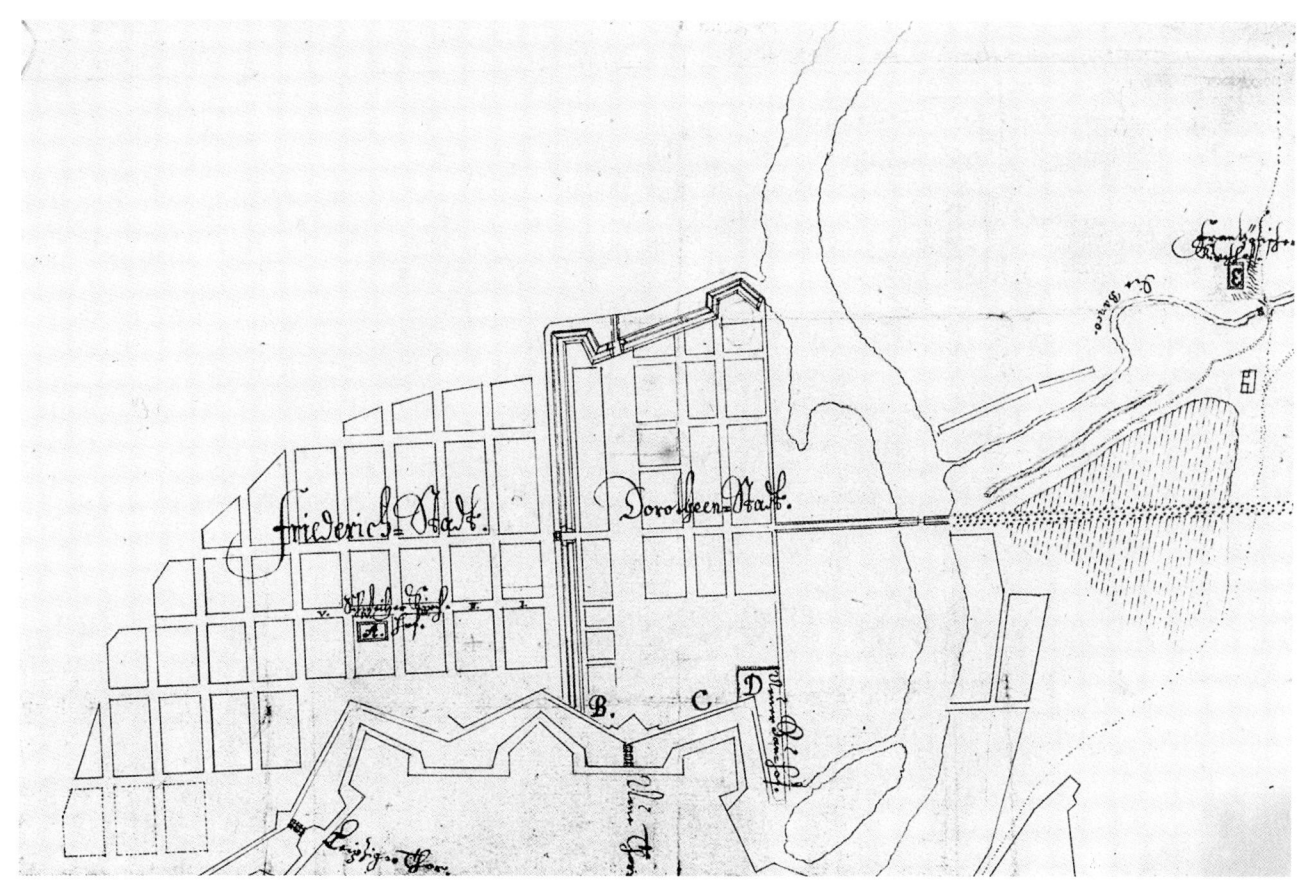

7 Plan der Friedrichstadt und der Dorotheenstadt, Zeichnung von Johann Heinrich Behr zu dem kurfürstlichen Patent vom 22. Mai 1699, Hugenottenmuseum, Berlin

tholischen Frankreich nach der Aufhebung des Ediktes von Nantes 1685 verfolgt. Der brandenburg-preußische Kurfürst Friedrich Wilhelm – auch der Große Kurfürst genannt –, der selbst Calvinist war, wollte seinen Glaubensbrüdern helfen und zugleich mit ihnen geschickte Handwerker, Buchdrucker, Gärtner, Offiziere in das noch immer unter den Folgen des Dreißigjährigen Krieges leidende Land ziehen. Dieser Grundgedanke, Quelle der preußischen

Toleranzpolitik, zieht sich durch das am 29. Oktober 1685 erlassene «Edikt von Potsdam». (Abb. 6)

Von den fast 200 000 Glaubensflüchtlingen, die Frankreich verließen, fanden etwa 20 000 Aufnahme in Brandenburg/Preußen und von diesen bis zum Jahre 1700 etwa 5 500 in Berlin. Sie benötigten für ihre Gemeinde Siedlungsraum in der Stadt und Platz für ihre Kirchen und Friedhöfe. Die Flucht der Hugenotten

15

stellte den Höhepunkt einer Wanderungsbe-
wegung in Europa dar, in deren Ergebnis Menschen ob ihrer höheren Bildung und ihrer
größeren handwerklichen Fertigkeiten in
anderen, durch den Krieg zurückgebliebenen
Ländern bessere Chancen fanden. Dazu gehörten auch Schweizer Calvinisten, die im Zuge
einer vom Kurfürsten beinahe planmäßig

betriebenen Ansiedlungspolitik nach Berlin
kamen.

Für beide Volksgruppen wurden Bauplätze
für Kirchen an dem sich entwickelnden Platz
gefunden, und so erhielten die deutsch sprechenden Calvinisten eine «Deutsche» und die
französisch sprechenden eine «Französische»
Kirche. 1699 fand diese Idee auch ihre entspre-

16

*8 Plan für die Erweiterung der Festungsanlagen
im Süden Berlins, Zeichnung, um 1710, Landesarchiv Berlin*

chende Fixierung in einem kurfürstlichen Re-
skript, das den ersten großen Ansatz zur Entstehung des Gensd'armen-Marktes bot. Auf zwei
Stadtquartieren entstanden zwei Kirchenbauten, die für diesen Zweck freigehalten wurden.

(Abb. 7) Die Grundsteinlegung für die Französische Kirche, heute Französische Friedrichstadtkirche, ein Werk des Festungsbauinge-
nieur Jean Louis Cayart, fand am 1. Juni 1701
statt. Am 11. August folgte die Grundsteinle-

17

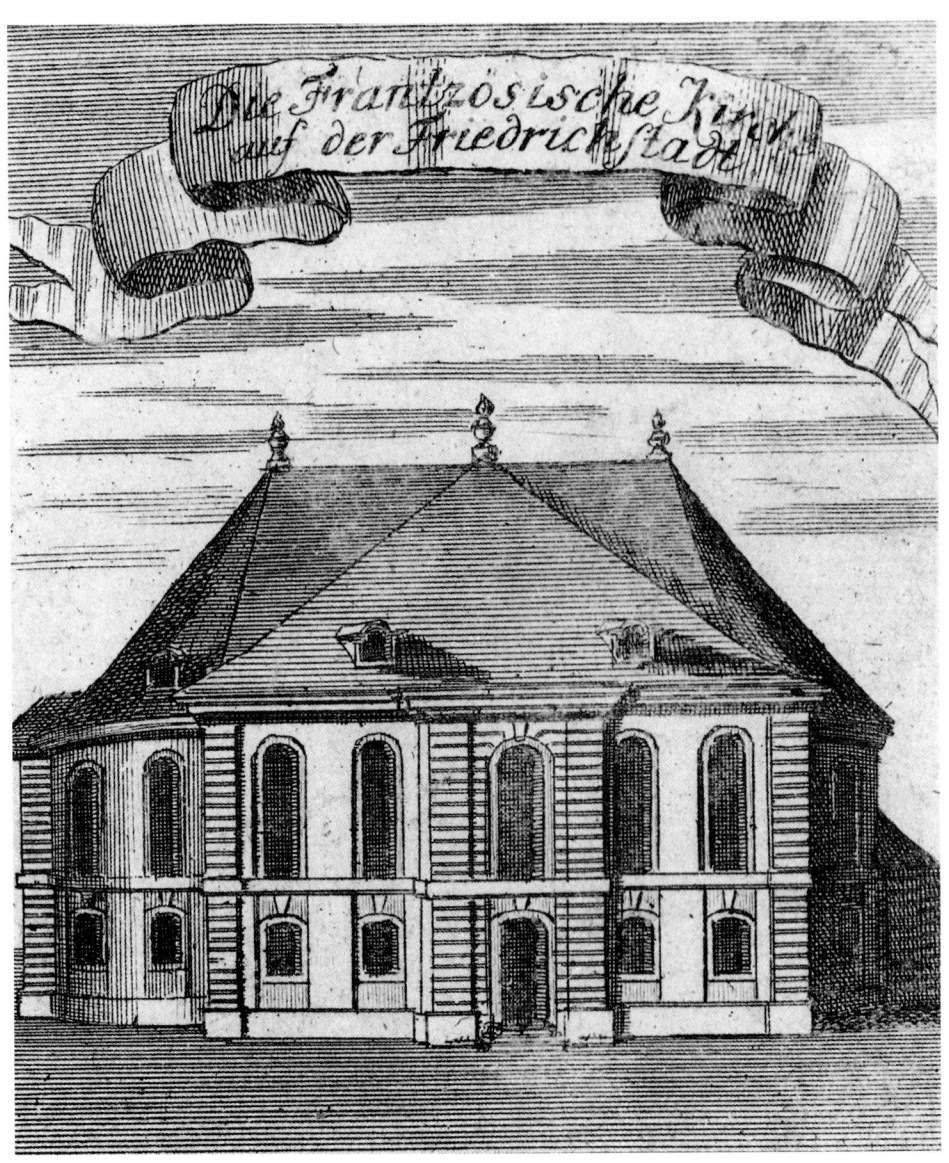

*9 Älteste überlieferte Ansicht der Französischen Kirche vom Prospekt von
Johann David Schleuen, um 1740*

10 Das Innere der Französischen Kirche,
Fotografie von F. Albert Schwartz, um 1880

gung für die Deutsche Kirche, deren Entwurf
von den Architekten Martin Grünberg und Johann Heinrich Behr stammte.

Nach vielen Auseinandersetzungen zwischen den Gemeinden und den Architekten
des Hofs, die unter anderem zum Wegfall der
an beiden Kirchen geplanten Türme führten,
konnten die Bauten in den Jahren 1705 (Abb. 9
und 10) bzw. 1706 (Abb. 11, 12 und 13) halb-
wegs abgeschlossen werden. Noch verloren
sich die kleinen Kirchen auf dem großen Platz,
der zunächst keine weitere Nutzung fand.
(Abb. 14) In ihren Formen entsprachen die beiden realisierten Bauten nicht der ursprüng-
lichen Idee. Die Französische Kirche war ein
verkleinerter Nachbau des «Temple» der Huge-

19

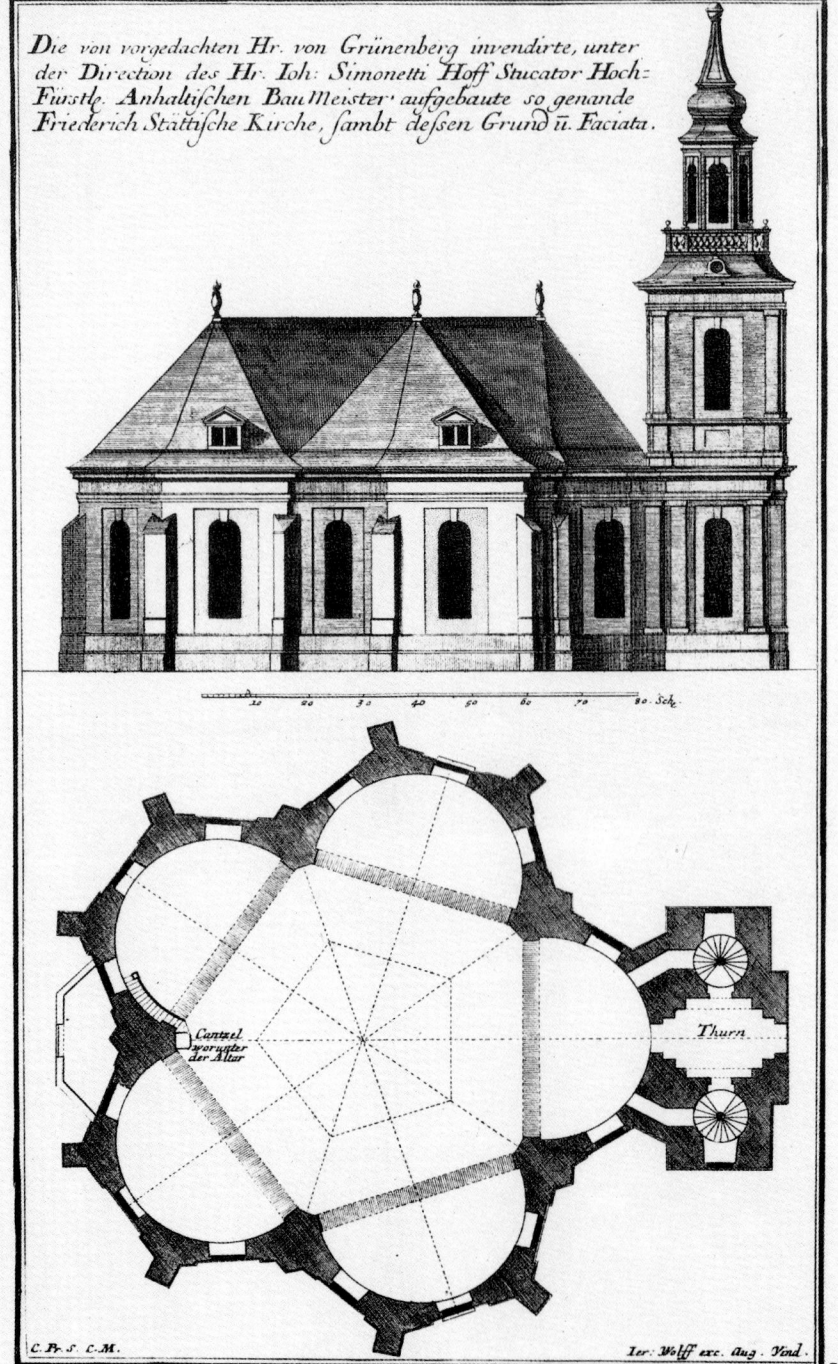

Die von vorgedachten Hr. von Grünenberg invendirte, unter der Direction des Hr. Ioh: Simonetti Hoff Stucator Hoch-Fürstl. Anhaltischen BauMeister aufgebaute so genande Friederich Stättische Kirche, sambt dessen Grund ū. Faciata.

Cantzel worunter der Altar

Thurn

C. Pr. S. C. M.

Ier: Wolff exc. Aug. Vind.

12 Älteste überlieferte Ansicht der Deutschen Kirche vom Prospekt von
Johann David Schleuen, um 1740

11 Ansicht und Grundriß des Entwurfs für die Deutsche Kirche,
Stich von Jeremias Wolff, um 1705(?)

13 Das Innere der Deutschen Kirche,
Fotografie von F. Albert Schwartz, um 1880

notten, den Salomon de Brosse im Jahre 1624 als zentrale Versammlungsstätte der Hugenotten in Chareton – drei Meilen von Paris entfernt – errichtet hatte und der nach der Aufhebung des Ediktes von Nantes niedergerissen worden war. Dieser Bau sollte einen Turm zum Platz erhalten, sich also nach Süden öffnen. Die Deutsche Kirche, erbaut für die reformierte und die lutherische Gemeinde, dagegen war von Ost nach West ausgerichtet. Ihr Turm lag im Westen und wandte sich von einer möglichen repräsentativen Achse ab. Beide Türme wurden nicht ausgeführt bzw. beendet. Der Turm der Deutschen Kirche blieb Torso.

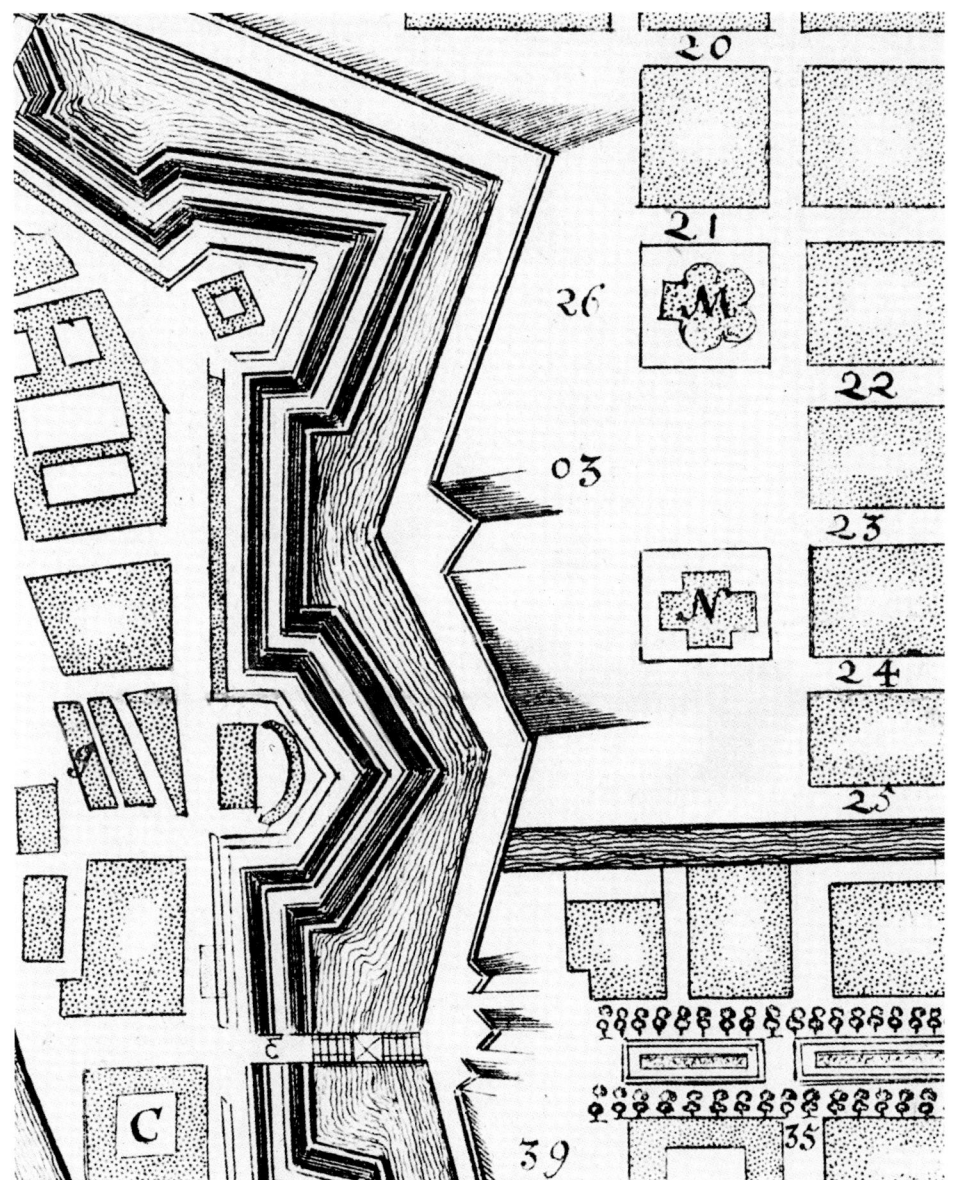

*14 Die Platzanlage, Ausschnitt aus dem Plan der Festung Berlin von
G. Dusableau, Stich von Georg Paul Busch, 1723*

Der Markt und die Ställe des Régiment Gensd'armes

Langsam wuchs die Friedrichstadt. Es war eine harte und karge Zeit; nur großzügige Versprechungen des Königs, die oftmals nur bedingt eingehalten wurden und angesichts leerer Staatskassen auch nicht immer eingehalten werden konnten, ließen die Zahl der Einwohner der Friedrichstadt wachsen. Im Jahre 1721 standen in dem heute bevorzugten Stadtviertel erst 650 Häuser und gab es weitere 46 Baustellen.

Unter Friedrich Wilhelm I., oft der «Soldatenkönig» genannt, begann eine gezielte Politik des Stadtausbaus. (Abb. 16 und 18) Bisher nicht bebaute Grundstücke mußten bebaut werden, die Besitzer erhielten königliche Unterstützung – Patent vom 24. Juli 1725 –, und dann folgte eine Erweiterung der Friedrichstadt – Patent vom 29. Oktober 1732. Ein als Kriegsverlust geltendes anonymes Gemälde stellte die Absicht des Architekten dar, sie ist aber so nicht ausgeführt worden. (Abb. 15) Bis zum Jahre 1737 erhöhte sich die Zahl der Häuser auf 1 682. (Abb. 17 und 21) Damit verlagerte sich der im wesentlichen noch ungestaltete Platz in das Zentrum der Stadt.

In den zwanziger Jahren des 18. Jahrhunderts gab es den Plan, auf der freien Fläche zwischen den Kirchen einen Friedhof anzulegen. Dann folgte um 1738 die Idee, hier eine Mühle zu installieren, die *«2 000 Reichsthaler Gewinn je Jahr»* abwerfen sollte. Als entscheidend für die weitere Geschichte des Platzes erwies sich aber ein anderes Vorhaben. In der Markgrafenstraße, gegenüber dem noch ungestalteten Platz zwischen den beiden kleinen Kirchen, stand das Stallgebäude des Régiment Gensd'armes, eines Truppenkörpers, der auf französische Vorbilder zurückging. (Abb. 19)

Hommes d'armes oder Gens d'armes hießen die Adligen, die in der Leibgarde des Königs dienten. Der französische König Karl VII. stellte 1445 aus ihnen eine erste stehende militärische Truppe von 15 Kompagnien zu je 100 gepanzerten Reitern auf. Diese bildeten bis zur Französischen Revolution die eigentliche schwere Reiterei. Sie hatte für den Schutz des Monarchen und für die Sicherheit seiner Unterkunft zu sorgen, nahm also spezielle Aufgaben wahr und stellte – wegen der adligen Herkunft – unter den Soldaten eine auserwählte Truppe, eine Garde, dar.

Nach Brandenburg-Preußen kam die Idee eines Régiment Gensd'armes mit den Hugenotten. Damit wird ein wenig behandelter Zusammenhang zwischen dieser Emigration und dem preußischen Militärwesen berührt. Im November 1687 formierte man aus den zahlreichen Offizieren und Adligen, die sich unter den Réfugiés («Flüchtlinge» – so nannte man die Hugenotten umgangssprachlich in Brandenburg) befanden, zwei Kompagnien Grand Mousquetairs in einer Stärke von 220 Mann. Kommandeur dieser Truppe wurde der französische Marschall Friedrich Armand Graf Schönberg. Im August 1688 trat eine dritte oder «teutsche» Kompagnie mit 65 Soldaten zu der Truppe. Aus ihnen entstand im Dezember 1691 die Eskadron Gensd'armens. 1693 wird die

15 *«Die versteinerte Kabinettsordre» – Darstellung der Planungsabsicht des Architekten, anonym, um 1730*

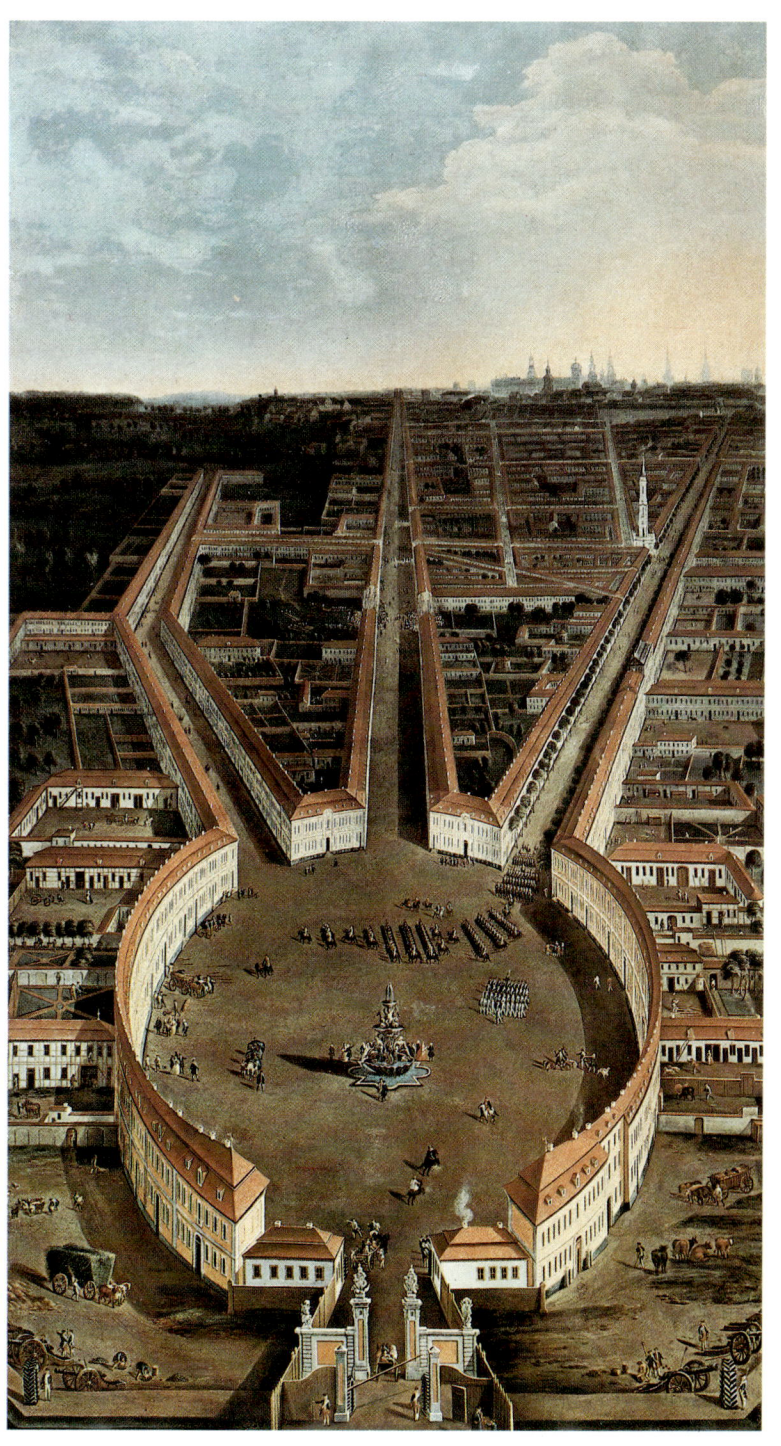

PLAN von der VERGRÖSSERTEN FRIDRICHSTADT Gezeichnet in Jahr 1733.

Rundel

Königl. Residentz Stadt Berlin

Leipziger Thor

Kirch Strasse
Zimmer Strasse
Schützen Straße
Jäger Straße
Leipziger Strasse
Krone Strasse
Mohren Strasse
Mittel Straße
Jäger Strasse
Französche Straße
Bähren Straße
Mittel Strasse
Dorotheen Stadt Strasse

17 Wenig verändertes Wohnhaus der Zeit um 1740 in der Jägerstraße,
Ausschnitt aus einer Fotografie von F. Albert Schwartz, um 1880

16 Plan der neuangelegten Friedrichstadt von G.D. Müller, Zeichnung,
1733, Ratsbibliothek, Fachabteilung der Berliner Stadtbibliothek

27

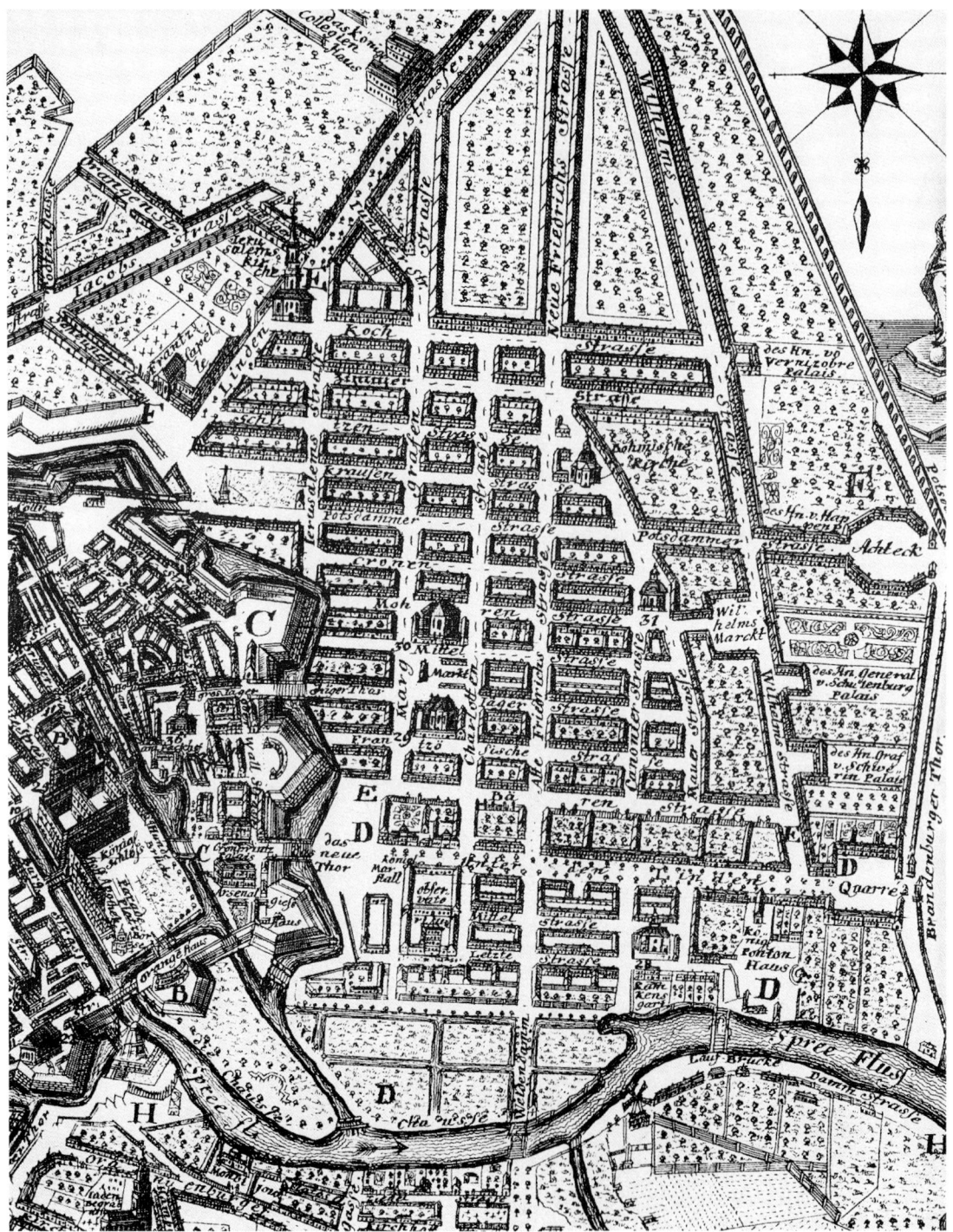

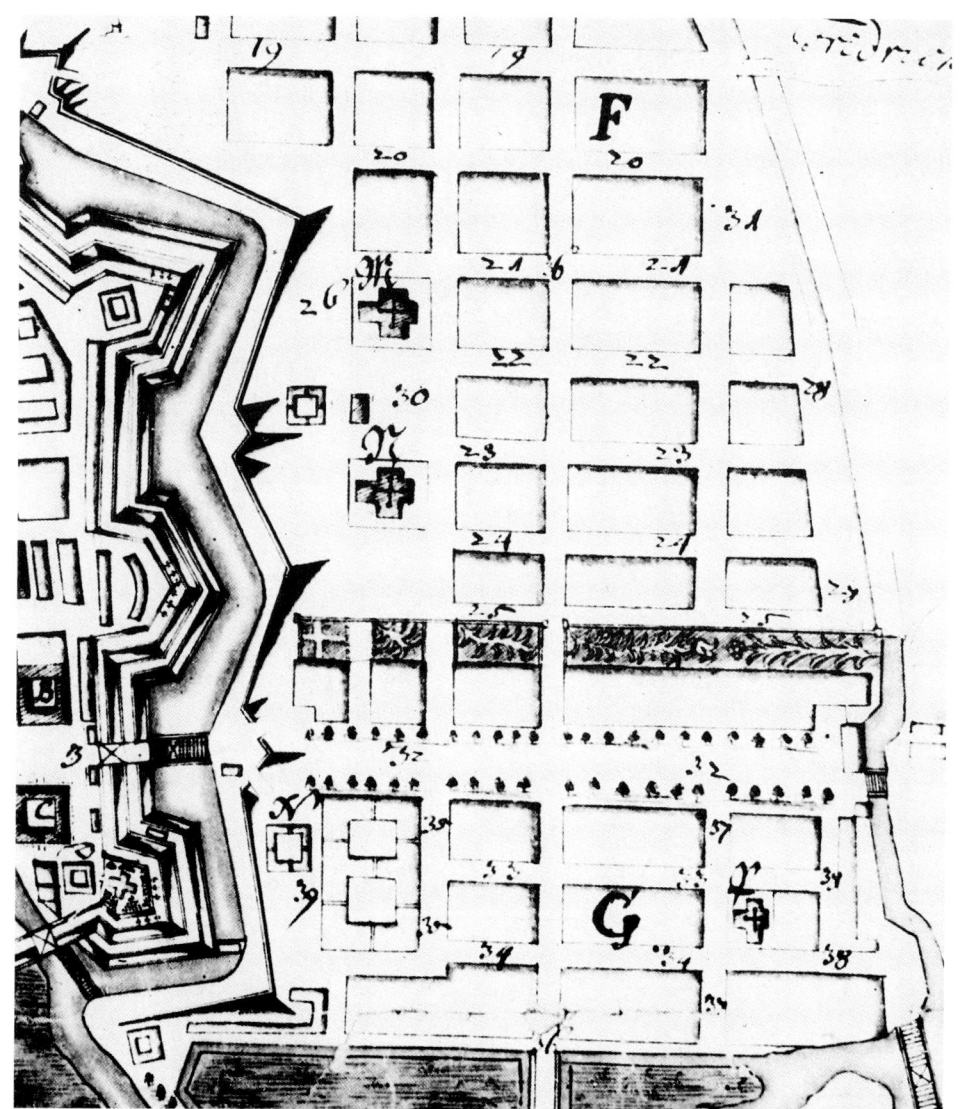

19 Ausschnitt aus einem Stadtplan von 1737

*18 Erweiterung der Friedrichstadt, Ausschnitt aus dem Plan der
Königlichen Residenz von Johann David Schleuen, um 1740*

*20 Der Gensd'armen-Stall und die Kirchen um 1730,
Ausschnitt aus dem Stich von Johann Christoph Haffner*

*21 Zeichnung der Fassade des Domestikenhauses
in der Jägerstraße, um 1735*

22 Die Fassade der Seehandlung in der Jägerstraße, Meßbild, um 1900

23 Die Ställe um die Französische Kirche, Ausschnitt aus dem Plan der
Königlichen Residenzstadt Berlin von 1737

Stärke der Einheit mit 136 Offizieren und Soldaten angegeben. 1695 stand sie in holländi-
schen Diensten. 1709 vermietete der König die
Truppe wiederum: Sie stand in Flandern mit
einer Stärke von 100 bis 120 Mann.

1698 kamen die Gensd'armes nach Berlin in
Garnison, und sie erhielten zwischen Jäger-
und Taubenstraße einen Platz zur Errichtung
eines Stallgebäudes, das in den Jahren
1708/1709 entstand. Die Offiziere und Mann-

schaften nahmen in der Friedrichstadt Quartier. Die Kompagnie, deren etwas verschriebe-
nen Namen der Platz heute wieder trägt, ist
also sehr früh als Faktor in den Gestaltungs-
überlegungen an diesem Ort nachweisbar und
bestimmte durch ihren Dienstbetrieb das Gesicht des Platzes, der als Exerzierplatz diente.

Das Stallgebäude, in primitiver Bauweise
hochgezogen, ist auf vielen Darstellungen der
Stadt aus diesen Jahren auszumachen: ebener-

24 Ausschnitt aus dem Stadtplan Samuel von Schmettaus von 1748

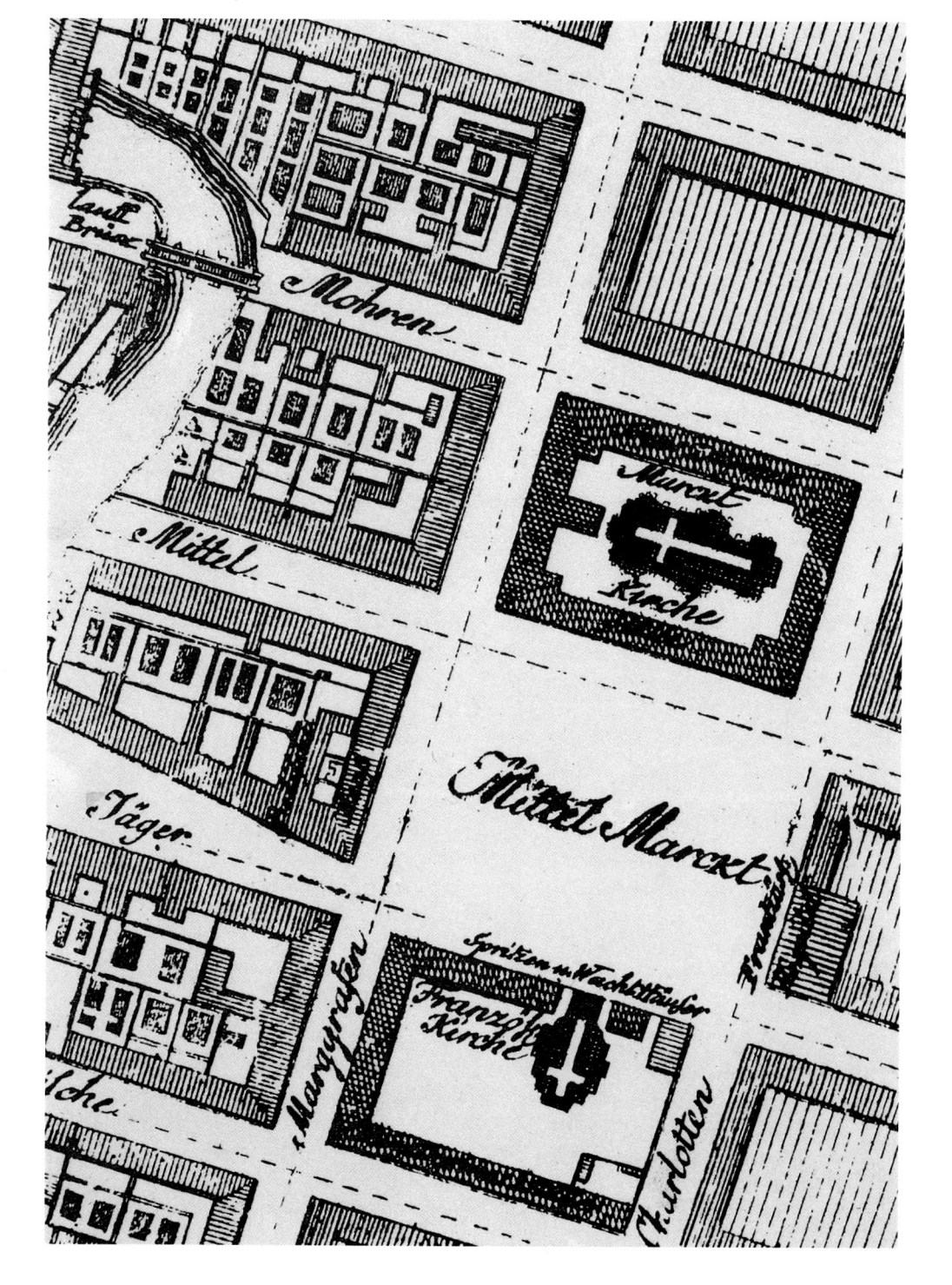

25 Zeitungsnotiz vom 23. Juli 1778 betreffend den Verkauf von
Abrißmaterialien der Ställe des Régiment Gensd'armes

dig die Stallungen, im Obergeschoß Lagerraum für Stroh, Heu und sonstiges sowie die Kammer. (Abb. 20)

Nach dem Regierungsantritt Friedrich Wilhelms I. wuchs die Stärke des Régiment Gensd'armes 1739 schließlich auf 790 Mann, davon 660 Reiter. Das Stallgebäude reichte nicht mehr aus, denn eine weitere Vergrößerung wurde in Aussicht genommen. Das Gebäude war alt, und als 1735 die Festungswälle fielen, verschwand es. An seine Stelle trat ein prächtiger Bau, für die preußische Geschichte wichtig, denn hierher zog im Jahre 1777 die «Preußische Seehandlung». (Abb. 22)

Bereits ab 1733 wurden auf Befehl Friedrich Wilhelms I. um den Friedhof der Französischen Kirche neue Ställe für das Regiment sowie das Wachlokal errichtet. (Abb. 23) Der Platz in den neuen Ställen reichte aber nicht aus, zumal zwischen ihnen und dem Gotteshaus bis 1780 weiterhin der Friedhof bestand.

Für eine Erweiterung der Ställe bot sich nur noch der Friedhof um die Neue oder Deutsche Kirche an. Trotz des Protestes der Gemeinde wurde er geschlossen und vor das Hallesche Tor verlegt. Auf seinem Gelände entstand ein zweites Stallgebäude für das Regiment. Die Bewohner der Friedrichstadt hatten sich in das Unvermeidliche zu fügen und mußten durch

Stallgebäude hindurch, wenn sie in die Kirchen wollten. Der Berliner Mutterwitz nannte sie die «wohlbestallten Kirchen». (Abb. 24) Zu Recht wird dieses Vorgehen in der Literatur als skandalös verurteilt, aber es bleibt denkbar, daß diesem Beschluß eine weiterreichende Gestaltungsabsicht zugrunde lag. Die Kirchen bildeten ungleiche Baukörper, sie konnten nicht umgebaut werden, da Geld fehlte. Zu klein für den großen, noch ungegliederten Platz, verloren sie sich geradezu auf ihm. Hinter den neuen Ställen aber waren sie versteckt, und der Platz konnte gestaltet werden. Ein neues, wenn auch bescheidenes, in den Augen eines Soldaten immerhin ansehnliches Bild war entstanden. Die Konturen des Geländes wurden enger und straffer gefaßt.

Das weitere Vorgehen betraf auch die Anlage des Marktplatzes auf dem Gelände zwischen den Kirchen, auf dem ursprünglich ein neuer Friedhof geplant war. In einem Schreiben vom 19. Februar 1726 trugen die Deutsche und Französische Gemeinde ihr Anliegen vor: «... bedarf unsere durch Gottes Segen und Ew. Königl. Majestät hohe Gnade ... so erbaute Stadt einen Marckt-Platz». Bereits am 14. März 1726 wies der König den Magistrat von Berlin an: «Wann Wir nun darauf in Gnaden resolviret, daß besagter Platz nicht zum Kirch Hoff aptiret,

34

sondern zum Marckt gebrauchet werden soll; Als fügen Wir solchen kündlich in Gnaden zu wissen und habt ihr hierunter ferner das nöthige zu verfügen.» Eine Phase gedanklicher Arbeit begann, Entwürfe wurden vorgelegt. Wiederum gab es Protest, der aus anderen Stadtteilen kam. Am 1. Januar 1729 aber konnte der neue Markt eröffnet werden. Es war ein Wochenmarkt, auf dem am Mittwoch und Sonnabend die Bewohner ihre Einkäufe erledigen konnten. Er bestand bis zum 3. Mai 1886.

Jetzt stellte sich auch die Frage der Namensgebung. Zunächst hieß die Einrichtung der «Neue Markt». Diese Bezeichnung konnte nicht beibehalten werden, da es einen Markt mit diesem Namen bereits an der Marienkirche gab, und dieser war älter. Dann wurde der Name «Friedrichstädtischer Markt» favorisiert. Er sprach sich jedoch kompliziert aus. Da der Markt zwischen den Ställen des Régiment Gensd'armes lag, hat sich dann wohl der Begriff Gensd'armen-Markt, heute Gendarmenmarkt, eingebürgert. (Abb. 25)

Die weitere Ausformung des Platzes

Nach 1740, dem Jahr der Thronbesteigung Friedrichs II., wurde ein nächster Schritt in Richtung auf eine wirkungsvolle Platzgestaltung getan. Nachweisbar seit 1736 befaßte sich Kronprinz Friedrich gemeinsam mit dem Architekten Georg Wenzelslaus von Knobelsdorff mit Planungen für das künftige Baugeschehen in Berlin. Im Vordergrund stand die Idee der Bereicherung des Stadtbildes durch den Neubau eines Königsschlosses, das mit den umgebenden Bauten zum Mittelpunkt der Residenz werden sollte.

Als Standort wurde ein Gelände in der Straße Unter den Linden in Aussicht genommen, auf dem sich heute die Humboldt-Universität und die ehemalige Preußische Staatsbibliothek erheben. Als südliche Zufahrtsstraße zu dieser Residenz bot sich die am Gendarmenmarkt vorbeiführende Markgrafenstraße an.

Plätze galten im 18. Jahrhundert, insbesondere in den geregelt angelegten Städten, als Höhepunkte. Sie gaben der ganzen Stadt Gesicht und Farbe, ihre Anlage wurde besonders durchdacht, um Sichtachsen zu schaffen und das Zentrum hervortreten zu lassen. Der Gendarmenmarkt hätte ein derartiger Höhepunkt werden können.

Geldmangel, hervorgerufen durch große Ausgaben für die Armee und die Kriege, aber auch die Bevorzugung Potsdams als Aufenthaltsort des Königs, ließen den Plan über den Bau des Opernhauses nicht hinauskommen. Bis 1773 änderte nichts das Bild des Marktes; als dann aber die Ställe des Régiment Gensd'armes baufällig geworden waren, mußte man auf eine neue Lösung sinnen. Am Anfang stand ein Entwurf des Architekten Robert Bartholomé Bourdet, der die Bauten auf dem Platz verschwinden lassen und in eine großzügige Randbebauung einordnen wollte. Dieser aufwendige Entwurf stellte sich als zu kostspielig heraus, hatte aber weitere Überlegungen zur Gestaltung des Platzes zur Folge. 1774 erhielt Georg Christian Unger den Auftrag, einen Entwurf für ein Französisches Komödienhaus vorzulegen. Noch im selben Jahr führte ihn Georg Friedrich Boumann – Boumann der Jüngere genannt – aus. Der Bau stand nicht genau in der Mitte des Marktes, mit der Schmalseite zur Markgrafenstraße. Er öffnete sich nach Osten – für die weitere Platzgestaltung ebenso bedeutungsvoll wie die Tatsache, daß nun ein Ensemble von zwei Kirchen und einem Theater geschaffen war.

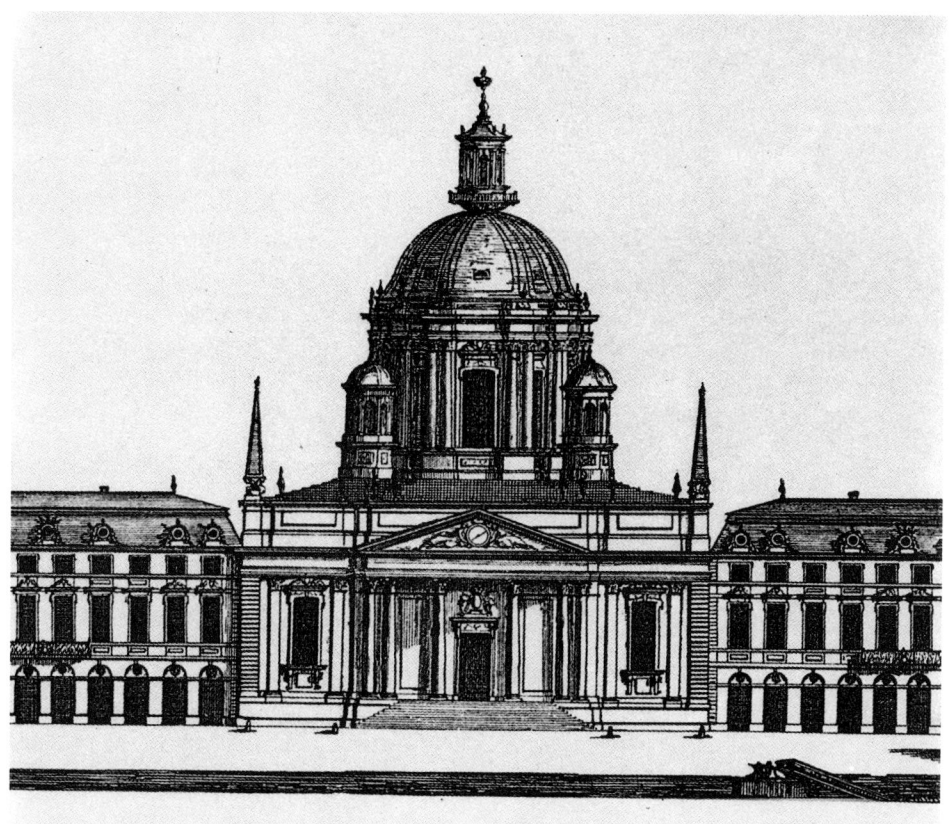

*27 Entwurf für einen Dom in Berlin (Ausschnitt) von
Jean Baptiste Broebes, um 1700 (Stich von 1733)*

Monumentalisierung

Die unter den Architekten des 18. Jahrhunderts anhaltende Diskussion, wie man den ungeformten städtischen Raum nutzen sollte, brachte in den kommenden Jahren ein städtebauliches Ensemble von unbestreitbarer Größe hervor, das mit Recht den schönsten Plätzen Berlins zugerechnet wird.

Der wichtigste Schritt hierzu wurde mit dem Bau der beiden Türme am Gendarmenmarkt getan. Ein erster Entwurf für einen Turmbau in Berlin stammt von Jan de Bodt, der auch einen Entwurf für die Gestaltung des Platzes

*26 Projekt für den Neubau eines Berliner Domes
von Jean de Bodt,
Zeichnung, 1712*

Prospect der sehr prächtigen neuen Schloß- und Dom-Kirche zu Berlin, welche Seine Königl. Mayst. auf dem so genanten Parade Platz erbauen lassen.
Schleuen excud.

28 Der Dom im Lustgarten, Stich von Johann Friedrich Schleuen, um 1750

vorgelegt hatte. Er ist auf das Jahr 1712 datiert. (Abb. 26) Jean Baptiste Broebes versuchte sich ebenfalls an dieser Idee und legte eine weitere Skizze für einen Dom in Berlin vor. (Abb. 27) Bemerkenswert an beiden Entwürfen ist der hochaufragende, breit angelegte Kuppeltum. Diesen Gedanken griffen die folgenden Architekten-Generationen auf. Nachweisbar ist das bei Knobelsdorff, der sich mit dem Vorschlag Broebes beschäftigte und zwei Skizzen danach für den Neubau eines Domes in Berlin hinterließ. Als 1747 der alte Dom wegen Baufälligkeit abgetragen werden mußte, begann man gleichzeitig an der Ostseite des Lustgartens

29 Fassadenaufriß und Detailskizzen für einen Kuppelbau,
vermutlich die Domtürme auf dem Gensd'armen-Markt,
Bleistift- und Federzeichnung, laviert, von Carl von Gontard (?),
Stiftung Schlösser und Gärten Potsdam-Sanssouci

Coupe et Elevation
de la moitié d'une des Tours commencées en 1780 à Berlin.

*31 Die Piazza del Popolo in Rom, Radierung von Francesco Piranesi,
um 1780*

mit der Errichtung eines neuen nach Plänen von Johann Boumann. In ihm wirkte deutlich die Idee von Broebes nach (Abb. 28), und mit ihm rückte die Kuppel als Gestaltungselement in den Mittelpunkt der Aufmerksamkeit der Berliner Architekten.

Nach dem Siebenjährigen Krieg begann in Potsdam die Erneuerung des 1722 von Friedrich Wilhelm I. gegründeten Militärwaisenhauses. Die Ausführung oblag Carl von Gontard, der von 1771 bis 1778 einen Bau errichtete, der im allgemeinen als Vorläufer

*30 Aufriß eines Turmes auf dem Gensd'armen-Markt aus der Zeit
vor dem Einsturz, Berlin Museum*

oder Vorstufe der Türme auf dem Gendarmen-markt gilt. In der Literatur wird immer wieder darauf verwiesen, daß diese beiden Türme nachhaltig von den Kirchen Maria di Montesanto und Maria dei Miracoli auf der Piazza del Popolo im Rom inspiriert bzw. ihnen sogar nachgebildet seien. (Abb. 31) Dagegen muß wegen der anderen städtebaulichen Situation in Berlin Einspruch angemeldet werden, aber bestimmte Einflüsse sind bei der Betrachtung der Vorentwürfe nicht zu leugnen.

1777 erhielt Gontard den Auftrag für die beiden Turmbauten. (Abb. 29) Neuere Forschungen haben Belege dafür ermittelt, daß zu diesem Zeitpunkt bereits erste, noch allgemein gehaltene Planungen für die Kuppelbauten vorlagen, die allerdings deren detaillierte Nutzung nicht auswiesen. Einen wahrscheinlich ersten Vorentwurf legte Gontard 1778 oder 1779 vor. (Abb. 32) Ihm folgte ein weiterer, nicht datierter, der deutlich die Bezugspunkte zu älteren Vorstellungen ausweist. Der Turm lagert hier breit über einem Sockel und zeigt wenig von der Leichtigkeit des Potsdamer Vorläufers – der Vorschlag wurde abgelehnt. Vom Januar 1780 datiert ein weiterer Entwurf (Abb. 33), der vom König «approbiert» wurde. Die Zeichnung kommt in der Leichtigkeit der Gliederung der gewaltigen Baumassen den ausgeführten Bauten sehr nahe. Die Umrißzeichnung diente nach der erfolgten Genehmigung als Grundlage zur Ausfertigung aller Bauzeichnungen. Möglicherweise gehörte dazu eine kürzlich vom Berlin Museum auf einer Auktion erworbene Zeichnung. (Abb. 30)

Die Turmbauten entstehen

Aus einem am 17. Oktober 1779 in Potsdam ausgefertigten Schreiben erfahren wir, daß die Vorbereitungen für die umfänglichen Baumaßnahmen weit vorangeschritten sein mußten. *«Sr. Majestät hat in Folge des Ansuchens des Konsistoriums vom 14. sogleich befohlen, daß das Innere des Thurms, den Höchstdieselbe errichten und der Kirche anfügen lassen, dazu eingerichtet werde, und zur Beerdigung ihrer Thodten bestimmt Sr. Majestät in der sandigen Gegend beim Invalidenhaus eine Stelle, die noch mit einer Mauer umgeben werden soll. Die erstere Ordre ist der Direktion der Königlichen Bauten zu Berlin, die andere dem Gouvernement zugegangen, wohin das Konsistorium sich in dieser Angelegenheit zu wenden hat.»*

Am 27. April 1780 lud Gontard die Vorsteher der Neuen oder Deutschen Kirche in seine Wohnung zu einer Besichtigung der Baupläne ein. Eine Kontaktaufnahme und Besprechung machten sich notwendig, da der Bauplan den Turm in die Deutsche Kirche hineinpreßte und zahlreiche Veränderungen des bisherigen Baus folgen mußten. Zwei häßliche Pfeiler, die im Inneren zu sehen waren, gaben dem Turm nach dieser Seite die entsprechende Absicherung. Damit gingen aber der Gemeinde die Sakristei und einige Grabgewölbe verloren. Über das erstere konnte man sich schnell einigen: Gontard versprach eine neue Sakristei im Unterbau des Turms. Die Verlegung der Grabgewölbe stieß auf mehr Widerstand, denn ihre Vermietung war eine Einnahmequelle der oh-

32 Erster Entwurf oder Vorentwurf
für die Turmbauten auf dem
Gensd'armen-Markt, um 1779

Die unter den 23ᵗ Januar 1780. allergnädigst approbirte Facade zu zwey neue Thürme.

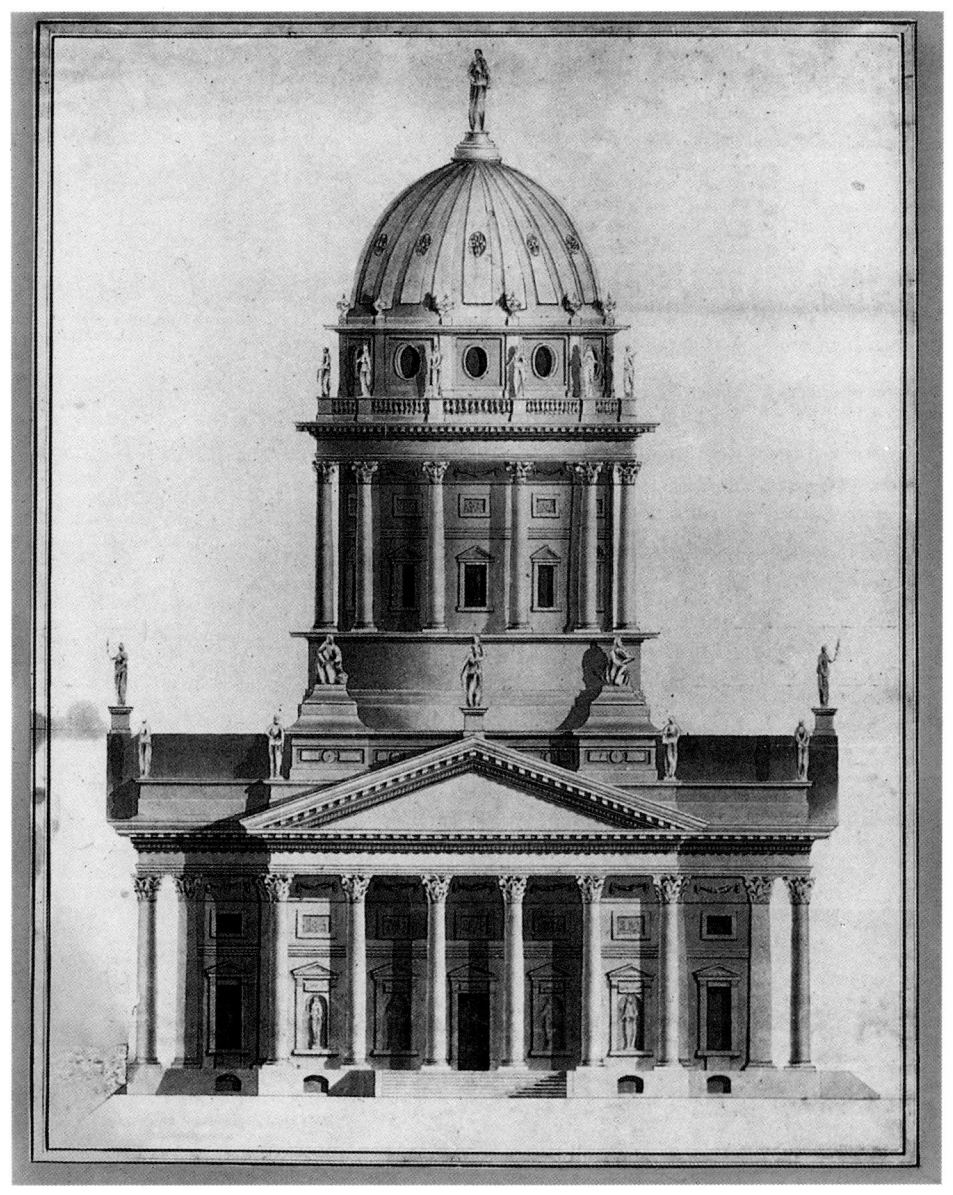

34 Zeichnung des Turmbaus, offenbar Kopie (Anfang 19. Jh.?),
des Originals von Carl von Gontard, Märkisches Museum, Berlin

33 Vom König am 23. Januar 1780 approbierter Entwurf für die
Turmbauten

*35 Zeichnung von F. Josephi (?) für den geplanten Turm,
angefertigt nach dem Einsturz des Deutschen Turms,
Plan-Sammlung der Technischen Universität Berlin*

*36 Der eingestürzte Deutsche Turm, Kupferstich von
Johann Georg Rosenberg, 1781*

nehin nicht reichen Gemeinde, Verlust an
Raum bedeutete finanzielle Einbuße.

Pflichtschuldigst legten die Kirchenvorsteher Gontards Brief dem Magistrat vor und be-
richteten: «*... haben wir anzeigen wollen, daß
auf Einladung des Herrn Hauptmann von Gontard eine Zusammenkunft stattgefunden hatte.
Sie war am 1. May ... in der Sakristei der Neuen
Kirche. Bauinspektor Becherer legte Zeichnungen des Neuen Thurms nebst der Collonade die
um den Neuen Thurm gelegt werden soll aus.*»
Die Kirchenvorsteher «*wollen Zeichnungen

kaufen, um sie dem Magistrat vorzulegen*», und
fragen gleichzeitig an, «*ob unter Thurm und
Collonade Gewölbe angelegt wird*». Sie haben
zum anderen in Erfahrung gebracht, daß dies
keinesfalls auf des Königs Kosten geschehen
werde.

Im Detail läßt sich nicht mehr feststellen,
welche Zeichnungen der Bauinspektor Friedrich Becherer vorlegte. (Abb. 34) Bekannt ist,
daß Gontard nach dem Januar 1780 an den Plänen weitergearbeitet hat. Aus dem Jahre 1781
konnte eine weitere Zeichnung ermittelt wer-

47

den (Abb. 35), die eine Entwicklung des Turmbaugedankens aufzeigt. Der Turm ist hier schlanker, graziler, deutlich zu erkennen an der Säulentrommel, deren Interkolumnien nun nur noch den Blick auf drei Fensteröffnungen – gegenüber fünf beim genehmigten Entwurf – gestatten. Die Figuren auf der Balustrade fielen weg, an ihre Stelle traten Vasen. Die Dächer über den Portikus zeigen eine Firstneigung, die gefälliger in die Baumasse des Turms überleitet. Die Kuppel wurde insgesamt steiler, sie wirkt hier wesentlich ausgereifter.

Kurz nach der Zusammenkunft zwischen Becherer und den Vorstehern begannen die Ausschachtungsarbeiten. Als Datum der Grundsteinlegung wird allgemein der 27. Mai angegeben. Dem steht entgegen, daß am 13. Juni 1780 beim Magistrat ein Antrag einging, in dem es heißt: *«Wie wir in Erfahrung gebracht, so ist die französische Gemeinde gewilligt, bey der Erbauung des Thurms an ihrer Kirche auf der Friedrichstadt einen Grundstein legen zu lassen.»* Dies wollen die Kirchenvorsteher der Deutschen Gemeinde auch tun und reichen den Text (lateinisch und deutsch) einer bereits gravierten Platte für den Grundstein ein. Darin ist festgehalten, daß Friedrich II. *«... am 9ten Tage des Monaths Juny ... den Grundstein, zum Neuen Thurm [hat] legen laßen. Der Kirche und der Stadt eine Neue Zierde und Seinen aus Franckreich geflüchteten Bürgern eine Neue Gnadenbezeigung ...»* Der 27. Mai wäre demnach nur das Datum des Beginns der Ausschachtungsarbeiten gewesen.

Bezüglich des weiteren Baugeschehens am Französischen Turm sind wir aus den Akten nicht genau unterrichtet. Für die Hugenotten ergab sich das besondere Problem, daß der Grund und Boden, auf dem sich der Turm erheben sollte, ihr Eigentum war und noch genutzt wurde. Man verlegte ihren Friedhof in die Chausseestraße vor die Stadt, wo ihnen ein Platz angewiesen wurde, den sie kaufen mußten, während der gemeindeeigene Grund und Boden für die Errichtung eines Staatsbaus herhalten mußte. Allerdings einigte man sich in der Form, daß der auszuführende Bau den Hugenotten *«für alle Zeiten»* zur Nutzung übertragen wurde.

Mit dem Bau beider Türme kam man rasch voran. Aber schon bald zeigten sich Risse am Französischen Turm, und am 28. Juli 1781 – man war gerade bis zur Höhe des Gesimses unterhalb der Säulentrommel gekommen – stürzte in den Morgenstunden der Bau des Deutschen Turmes ein. (Abb. 36) Mangelhafte Gründung infolge einer Fehleinschätzung des Baugrundes und zu schwache Anlage des Tambour-Mauerwerks sind neben nachlässiger Ausführung wohl schuld daran gewesen. Die eigentliche Ursache dürfte aber in der Idee zu suchen sein, den Turm graziler zu machen. Einzig der Unterbau bot Raum für eine Nutzung, doch erhoben sich die Türme nicht erst in Firsthöhe der Dächer, sondern reichten mit den Tambourschächten bis in die Fundamente hinunter. Diese Konstruktion führte dazu, daß der Raum im Unterbau fast völlig aufgezehrt wurde, es sei denn, die Schäfte erhielten in ihrem Unterteil dünneres Mauerwerk. Gontard hatte dieses aber so schwach berechnet, daß es dem Druck der Säulentrommel nicht standhielt. Die Säulentrommel gab an der zum Platz gerichteten Seite nach und stürzte bis fast zum Erdboden ein.

Der Kupferstich von Rosenberg gibt den Blick in das Innere mit den massiv im Raum stehenden Substruktionen des Tambours frei und läßt erkennen, daß der Ansatz einer inneren Flachkuppel offensichtlich der Schwachpunkt der Konstruktion war. Die Frage nach der ursprünglich geplanten Nutzung des In-

37 Französischer Turm und Kirche, Meßbild, 1882

nenraumes ist zu stellen, kann aber gegenwärtig noch nicht beantwortet werden.

Der Einsturz hatte Konsequenzen: Gontard
verlor seine überragende Stellung als Leiter
aller königlichen Bauten in Berlin, auch von
der weiteren Tätigkeit am Gensd'armen-Markt
wurde er suspendiert. Seinen Platz nahm

Georg Christian Unger ein, ein Schüler Gontards. 1781, möglicherweise erst nach der
Turmkatastrophe, kam er aus Potsdam nach
Berlin und erhielt maßgebliche Positionen, vor
allem die Oberbauleitung am Gensd'armen-
Markt. Gleichwohl war Gontards Fall nicht so
tief, wie immer angenommen wurde, wenn

ihm auch für längere Zeit die Grundlage für jede weitere eigene Tätigkeit entzogen war.

Unger hielt sich an die vom König genehmigten Gontardschen Entwürfe und legte einzig die statischen Elemente neu aus: Die Mauern des Tambours und alle Glieder, die ihm die nötige Stütze geben, wurden verbreitert und verstärkt. Das Äußere erfuhr kaum Veränderungen, genaugenommen sogar nur die über den Portikus breit lagernden Teile. (Abb. 37, 38 und 39) Die auf der oberen Balustrade vorgesehenen Figuren entfielen, dafür wurden Statuen in die mit Fenstern alternierenden Nischen des Turmkörpers eingestellt. Die zur Verbesserung der Statik getroffenen Maßnahmen verringerten das Volumen des Innenraums.

Das Figurenprogramm der Bauten richtete sich nach den religiösen Vorstellungen der damaligen Zeit. Die Entwürfe für die Friese und Basreliefs zum Deutschen Turm entstammten der Feder von Bernhard Rode, einem sehr geschickten Maler, dessen Arbeiten in vielen Berliner Kirchen noch heute zu sehen sind. Für die Gestaltung des Französischen Turms lieferte der geniale Daniel Chodowiecki einige Vorgaben. Beide Künstler reichten ihre Zeichnungen ein, nach denen dann Bildhauer und Stukkateure arbeiteten.

Der Platz erhielt endlich ein geschlossenes äußeres Bild: zwei gewaltige Turmbauten, verbunden durch das Komödienhaus und umgeben von immer zahlreicher werdenden, auf die Höhe der «Dome» abgestimmten Wohngebäuden. Damit war dem Platz eine repräsentative Gestaltung gegeben, ein tragfähiges architek-tonisches Programm umgesetzt. Das Turmpaar stellte mit seiner Höhe von 78 Metern fortan eine städtebauliche Dominante dar und verkörperte einen Glanzpunkt der Berliner Architektur.

Das Innere war weniger zu loben. Spätere Zeichnungen stellen die prekäre räumliche Situation eindringlich vor Augen. Aus dem 19. Jahrhundert sind zahlreiche sehr genaue Aufmessungen von Architekturteilen sowie vom Flachrelief der Allegorie der Ewigkeit in einem der Blendfelder oberhalb der Apostelfiguren am Turmschaft der Deutschen Kirche überliefert. (Abb. 40 und 41)

Bekrönt wurden beide Türme von vergoldeten Figuren. Auf der Spitze des Französischen Turms erhob sich das Sinnbild der «Triumphierenden Religion» – die Themenwahl läßt sich aus der Verfolgung der Hugenotten in Frankreich durch die katholische Kirche erklären. Auf dem Deutschen Turm erhielt die «Triumphierende Tugend» ihren Platz – ihre Interpretation als Selbstdarstellung der obsiegenden preußischen Tugenden ist wohl nicht abwegig, erschien doch bereits vor der Fertigstellung des Baus in Berlin eine Beschreibung des Figurenprogramms, die derartige Schlüsse nahelegt. So werden als Tugenden am Deutschen Turm beschrieben: Treue, Mildtätigkeit, Freundschaft, Klugheit, Standhaftigkeit, Demut, Keuschheit, Mäßigkeit, Liebe, Glaube, Hoffnung und Geduld – allesamt Eigenschaften, wie sie der Preußenkönig von seinen Untertanen verlangte. Auch am Französischen Turm sind einige dieser Tugenden dargestellt, darüber hinaus aber noch andere.

38 Der Deutsche Turm, Ansicht, Zeichnung von C. Moritz, 1870, Landesarchiv Berlin

DEUTSCHER THURM am BERLIN

[1:120]

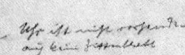

FRANZÖSISCHER TURM.

[1:120]

40 Entwurfszeichnung für die Allegorie der Ewigkeit am Deutschen Turm, um 1781

Der Bauablauf zwischen 1781 und 1785 läßt sich nur ganz allgemein verfolgen. Zunächst mußte der Schutt am Deutschen Turm beseitigt werden, dann trug man beide Baukörper der Türme weitgehend ab, ohne jedoch den Unterbau und die Kolonnade anzutasten.

Die Katastrophe vom 28. Juli 1781 hatte auch die Deutsche Kirche in Mitleidenschaft gezogen. Große Teile des Dachs und des hölzernen Gewölbes waren zerschlagen. Bei der Reparatur der Schäden tauchten neue an der Kirche auf, die die Gemeinde gleich mit in Ordnung bringen wollte. Anträge an den Magistrat wurden gestellt, doch der hatte kein Geld. Becherer, nun mit der Ausführung des Baus betraut, kam den Kirchenvorstehern entgegen. Er übernahm die Kosten auf die königliche Kasse, bat sich aber dafür ein Grabgewölbe aus. Er unterbreitete dem König den Vorschlag, zur Verbesserung der Statik Gewölbe unter dem Turm anzulegen und ihm dort eine Grabstätte zuzuweisen. Der König lehnte ab. Ob Becherers Wunsch damit zusammenhing, daß der bedeutende Architekt Knobelsdorff und der nicht minder berühmte Hofmaler Antoine Pesne bereits in den Gewölben der Deutschen Kirche beigesetzt worden waren, ist nicht bekannt.

Am 23. August 1785 wandten sich die Arbeiter, die den Auftrag hatten, die Figur auf die Kuppel zu setzen, an den Magistrat mit dem Wunsch, einen feierlichen Abschluß ihres Werks vorzunehmen. Unter Teilnahme des Magistrats wurde am 25. August 1785 die «Triumphierende Tugend» auf den Deutschen Turm gesetzt.

39 Der Französische Turm, Aufmaßzeichnung, Landesarchiv Berlin

*41 Allegorie der Ewigkeit am Deutschen Turm,
aufgenommen 1865,
Zeichnung, Landesarchiv Berlin*

Der Bau war abgeschlossen, aber kleine Auseinandersetzungen zogen sich weiter hin. Die Deutsche Kirche verlangte Ersatz für die dem Turm geopferte Sakristei. Erst 1786 schlug das Bau-Comptoir die Einrichtung einer neuen Sakristei im Deutschen Turm vor. Der Bretterverschlag der provisorischen Sakristei in der Kirche war baufällig geworden. Doch der Gemeindevorstand entschied sich für die Beibehaltung der *«Interimssacristey»* und bat um

eine angemessene Gestaltung derselben. Am 8. November 1787 war sie fertig; die Abrechnung wies Kosten in Höhe von 104 Talern und 8 Groschen aus, die das Bau-Comptoir übernahm. Die Zimmer im Turmbau überließ man dem Königlichen Armendirektorium, das alle Räume im Unterbau bezog und dort bis weit in das 19. Jahrhundert hinein seinen Sitz hatte – eine keineswegs angemessene Nutzung.

So war zwischen 1780 und 1785 in der Friedrichstadt auf einem bisher vernachlässigten Marktplatz ein Kleinod der Berliner Architektur entstanden. In den Formen des spätbarocken Klassizismus errichtet, stellten die Kuppeltürme, obwohl nur Dekorationsarchitekturen mit sehr geringer Nutzungsmöglichkeit, einen Höhepunkt des Städtebaus in der Residenz dar, so daß der Platz in der Wertschätzung an einer der vordersten Stellen rangierte.

Randbebauung

Im allgemeinen reduziert sich die Schilderung der Baugeschichte des Gensd'armen-Marktes auf die Behandlung des Ensembles inmitten des Platzes. Hin und wieder ist noch vermerkt, daß zusammen mit den beiden Türmen auch neue Häuser um den Platz errichtet wurden und daß diese ebenfalls von Gontard und Unger stammten. Der Grund für diese Vernachlässigung ist darin zu suchen, daß diese Gebäude bereits nicht mehr standen, als man die Bedeutung des einmaligen Architekturensembles voll begriff.

Friedrich II. vernachlässigte zugunsten Potsdams zeitweise die Hauptstadt seines Landes. Berlins Bürger waren ihm suspekt, weil sie versuchten, sich in Dinge zu mischen, die einen braven preußischen Untertanen nichts anzugehen hatten. Außerdem war ihm die Residenz zu groß, zuwenig ansehnlich. Die Realisierung ehrgeiziger Baupläne stieß in Berlin auf Schwierigkeiten, deren Überwindung vor allem Geld kostete. Nach dem Siebenjährigen Krieg mußten aber verschiedene Maßnahmen getroffen werden, denn der Verfall, insbesondere in den neu angelegten Stadtteilen, war unübersehbar. Die Häuser hatte man flüchtig und wenig solide errichtet, zum Teil waren sie verbraucht und verwohnt, Mittel für ihre Pfle-

ge waren kaum vorhanden. Immer wieder kamen Einstürze der aus minderwertigem Material nachlässig aufgeführten Bauten vor. Bittschriften um Beihilfen für Sanierung oder Neubau waren an der Tagesordnung. Finanzmittel für Neubauten waren nur bei wenigen Bewohnern vorhanden, und wenn man bereit war zu bauen, dann bescheiden, den eigenen Kräften entsprechend.

1769 ließ Friedrich II. einige Bauten auf seine Kosten errichten, um wenigstens den Schauseiten der Residenz den Augenschein des Verfalls zu nehmen; das geschah vorzüglich in der Königstraße, der östlichen Zufahrtsstraße zum Schloß. Um ansehnliche Lösungen möglich zu machen, mußten Hausstellen zusammengelegt werden, denn auf den schmalen mittelalterlichen Grundstücken konnte kein Architekt dreigeschossige Gebäude errichten. Hier mußte mit sanfter Gewalt vorgegangen und viel Geld eingesetzt werden.

Die preußische Politik hatte Bürgertum und Gewerbe indirekt gefördert, um die Armee zu unterhalten, für die die gewonnenen Finanzmittel verausgabt wurden. Das Bürgertum konnte sich zwar entwickeln, doch in einem sehr bescheidenen Maße und in der Mehrzahl mit nur geringer finanzieller Kraft. Die Armee fraß den Staat, weil ihr alles geopfert werden mußte. Ganz anders als etwa in Österreich oder Sachsen; diese Länder gerieten immer in Nöte, wenn es darum ging, eine Armee aufzustellen, obwohl sie ökonomisch bedeutender und finanziell stärker waren als Preußen. Aber trotz Absolutismus und Verschwendungssucht, insbesondere der sächsischen Kurfürsten, blieb dem Bürger ein größerer Spielraum, um seine wirtschaftlichen Kräfte zu entfalten. Das drückte sich auch im Vergleich der errichteten Bauten aus. Wollten die preußischen Könige hinsichtlich der Demonstration der absolutistischen Repräsentation und der neugewonnenen Stärke in den Werken der Architektur mithalten, so mußte der Staat direkt wirksam werden und Aufgaben übernehmen, die in anderen Ländern ein selbstbewußtes und wirtschaftlich konsolidiertes Bürgertum erfüllte.

Den Prinzipien des preußischen Zentralismus entsprechend erfolgte der Ausbau der Stadt, um Produzenten anzulocken und um Wohlstand zu manifestieren. Diese Aktivitäten wurden in Preußen aber nicht von einem wirtschaftlich starken Bürgertum getragen, denn infolge der hohen Besteuerung kam dieses kaum in den Genuß der Gewinne aus den Manufakturen. Daher mußten Mittel des Staates eingesetzt werden. In diesem Bemühen verfuhr Friedrich II. bis zu einem gewissen Grade großzügig. Nicolai vermerkt mit Akribie, wieviel Geld zwischen 1780 und 1785 für Bauten investiert wurde. Die Summe beläuft sich auf 1 140 300 Reichstaler, die sich so auf die einzelnen Jahre aufgliedern:

1780	97 800
1781	203 700
1782	202 800
1783	200 000
1784	200 000
1785	236 000.

Vor Errichtung der Turmbauten stieß die Hauptausfahrt vom Schloß in Richtung Westen auf den ungestalteten Markt. Eine Veränderung hier forderte zugleich Maßnahmen in der Umgebung des Platzes. Seine Fronten, die deutlich in das Blickfeld der Ein- und Ausfahrenden traten, waren ebenso bescheiden und verfallen wie Straßenzüge an beliebigen anderen Stellen Berlins. Wollte Friedrich II. einen architektonischen Höhepunkt schaffen, mußte er die Randbebauung wenigstens in den Sichtachsen neu gestalten. Platz- und Randbebauung müssen deshalb als Einheit begriffen werden; löst man eins vom andern, wird der Sinn dessen, was sich als eine absolutistische Idee von stadtgestalterischer Kraft offenbart, nicht erschlossen.

Obgleich die Errichtung neuer Häuser an den Platzwänden bereits vor den Turmbauten begann, stellt beides eine Einheit dar. Nicolai vermerkt, daß zwischen 1777 und 1785 insgesamt zwanzig Häuser am Platz (Markt) auf «königliche Kosten» aufgeführt wurden. Bisher konnten sie nicht bestimmt werden, da die Akten verlorengingen. Aus den Grundbüchern Berlins ließ sich aber wertvolles Material gewinnen, das eine Benennung der Baulichkeiten ermöglicht.

Als erstes Haus dieser Neubauphase konnte jenes auf dem Grundstück Mohrenstraße 28 ermittelt werden. In den Grundbuchakten ist festgehalten: *«Ein Wohnhaus mit einem Seitengebäude rechter Hand, Hof, Brunnen, Garten und Lusthaus ... Dieses Haus ist auf Sr. Königl. Majestät Kosten in den vorherigen Grenzen neu und ansehnlich erbaut und dem damaligen Besitzer Seidenfabrikanten Zinnemann darüber der Cabinettsordre vom 13ten April 1771 gemäß, von einem Hochedlen Magistrat hierselbst ein Schenkungs- und Eigenthumsbrief unterm 16. Juli 1778 ausgefertigt und erteilt worden, so dem 26. Oktober graduiert und eingetragen ist.»* Als Architekt könnte, wie sich aus weiteren Bezügen ergibt, Gontard in Frage kommen. Da sich aber weder Bauunterlagen noch irgendeine Abbildung des Hauses fanden, bleibt die Zuschreibung an Gontard letzten Endes fraglich.

Die Arbeiten zur Veränderung des Erscheinungsbildes des Platzes standen zunächst wohl vor allem mit dem Bau des Komödienhauses in Verbindung. Man kann daraus ersehen, daß ein Schritt zur Veränderung des Aussehens den nächsten mit einer gewissen Konsequenz nach sich zog und daß der Bau der Türme den Höhepunkt und Abschluß darstellte.

Die Schenkungsbriefe für die Bauten konnten durch den Magistrat erst ausgestellt werden, wenn diese bezugsfertig zur Verfügung standen. Es ist hervorzuheben, daß das Haus Mohrenstraße 28 eingetragen wurde als eines, das «in den vorherigen Grenzen» zur Ausführung kam. Das Grundstück war schmal – es maß knapp 12 Meter –, so daß kein repräsentativer Bau errichtet werden konnte.

Die in dem Grundakten-Eingang genannte Verfügung des Königs – «Cabinettsordre an den Berlinischen Stadtmagistrat ... De Dato Potsdam den 13 April 1771» – bestimmte: «Nachdem Sr. Königl. Majestät in Preußen etc. Unser allergnädigster Herr, alle diejenigen Berlinischen Bürger-Häuser, welche Allerhöchst Dieselbe auf dero Kosten neu aufbauen lassen, denen Eigenthümern der Baustellen dahin Erb- und eigenthümlich allergnädigst zu schenken resolviert haben, daß Sie solche als ihr wahres wohlerworbenes Eigenthum haben, besitzen und genießen, und damit überall nach Gefallen schalten und walten mögen, auch selbige wegen derer auf den Wieder-Aufbau verwandte Kosten niemals in Anspruch genommen, noch von ihnen die allergeringste Wiedererstattung gefordert werden soll; also machen Allerhöchst Dieselbe Dero Berlinischen Stadt Magistrat solches zur allerunterthänigsten Achtung hiermit bekannt, und authorisieren und befehlen demselben zugleich, sotanen Bürgern vom Allerhöchst Deroselben wegen der Schenckungs-Briefe unter seiner Unterschrift und ... Stadt Insiegel auszufertigen und denen Eigenthümern auszuliefern, auch selbige diese Sr. Königl. Majestät Allerhöchste Gnade sofort kund thun zu lassen ...»

Auf den ersten Blick ein großzügiges Privilegium. Von Preußens Königen wurden immer wieder gleichlautende Versprechen abgelegt, die aber oft nicht gehalten werden konnten, da die weitreichenden Gestaltungsabsichten einen hohen Einsatz von Finanzmitteln erforderten, die der Staat dann nicht aufbrachte. Bisherige Schenkungen hatten aus den Grundbesitzern Eigentümer gemacht, die nun – wegen notwendiger Zusammenlegungen von Grundstücken – mit finanziellem Aufwand «abgefunden» werden mußten. Wenn großzügige Planungen gestört wurden, blieb unter den Bedingungen des feudalen Staates nur der Weg, Zusagen zu brechen. Stets folgten dem erneuerte Versprechen. So wiederum am 11. September 1776 in einem «General-Donations und Bestätigungs-Patent über alle, während seiner Königl. Majestät Regierung, an Dero Vasallen geschenckte Grundstücke und Geldsummen» mit folgender, fast beschwörend klingender Erklärung: «Wir Friedrich von Gottes Gnaden, König von Preußen etc. etc. Urkunden und erklären hierdurch: Nachdem Wir, während Unserer von Gott gesegneten Regierung nach Unser immer gehegten Landesväterlichen Gesinnung, Huld und Gnade, theils ganzen Provinzen, Städten und Communen, theils einzelnen Vasallen, zu ihrer Aufhelfung aus erlittenen Unglücksfällen, ferner zu Etablissiment, Verbesserung ihrer Güter, Einrichtung und Fortsetzung nützlicher Fabriquen und überhaupt zur Beförderung ihrer Geschicklichkeit ...» Es folgt dann die sowohl von Friedrich I., Friedrich Wilhelm I. und auch von dem regierenden König Friedrich II. bestätigte Festlegung, daß die neuen Besitzer alles «erb- und eigenthümlich» übernehmen sollten und «niemals von ihnen eine wie auch immer geartete Gegenleistung gefordert werde». Da solche Formeln so oft wiederholt wurden, muß es wohl Grund dafür gegeben haben, daß die vorherigen Versprechungen den Bürgern unglaubwürdig geworden waren. Dieser wird wohl in der bislang wenig beachteten Tatsache gelegen haben, daß einzelne Grundeigentümer zwar nicht unter Anwendung von Gewalt, aber eben doch durch «königlichen Willen» ihren *«eigenthümlichen»* Grund und Boden verlassen und an anderer Stelle neu siedeln mußten. Ein Grundproblem der Stadtplanung in Berlin schälte sich heraus: Eigentum schuf rechtliche Grundlagen zur Verteidigung des Besitzes, die königlicher Gewalt immer stärker entgegenstanden. Es verursachte hohe Kosten, innerhalb der Stadt großzügig, in feudalen Maßstäben zu planen und stadtgestalterische Lösungen zu verwirklichen. Die Planung am Gendarmenmarkt markierte den Bruch in der Baupolitik; es war in Berlin der letzte Versuch der Umsetzung einer großen Idee.

Die Realisierung der Turmpläne veränderte also mit einer gewissen Zwangsläufigkeit das Programm für die Platzwände, denn deren Gestaltung vollzog sich in Abhängigkeit von den Bauten auf dem Markt. Bourdets Entwurf hatte Ideen vorgegeben, die nicht verwirklicht werden konnten. Gontard nahm den Vorschlag einer repräsentativen Ausbildung der Platzwände auf, modifizierte ihn aber entsprechend den Grundstücksbreiten, bei teilweiser Vergrößerung der Grundstücke. Er entschied sich für den Neubau von dreigeschossigen Häusern. Dabei ließ sich zwar – unter Berücksichtigung der besonderen Forderungen, die die Sichtachsen stellten, sowie der vorhandenen Bebauung – keine einheitliche Traufhöhe erreichen, aber die in etwa gleicher Höhe und in einer gewissen Einheitlichkeit entworfenen Fassaden machten den Platz in Korrespondenz mit den Gebäuden auf dem Markt doch zu einem der schönsten architektonischen Ensembles Berlins. Die Randbebauung stellte die «Dome» und das Komödienhaus in den ihnen gebührenden Rahmen, sie war gleichsam eine zurückhaltendere, vornehme Fassung für einen Edelstein. Im harmonischen Zusammenklang der Bauten auf dem Platz mit denen zu seinen Seiten bestand der besondere Reiz, bestand die Einmaligkeit der Gesamtkonzeption. Die einheitliche Wirkung gab dem Ensemble seinen Wert, die auf die Turmbauten abgestimmte Fassadenhöhe – durch das Komödienhaus vorgegeben – machte seine Monumentalität aus. Als die Randbebauung später Stück für Stück der Spitzhacke zum Opfer fiel und ersetzt wurde durch nicht auf die Baukörper des Platzes abgestimmte Geschäftshäuser, ging ein entscheidender Teil der Gesamtwirkung für immer verloren.

In der Periode nach 1780 verfuhren Gontard und Unger bei der Platzbebauung zwar nach einer einheitlichen Idee, aber nicht nach einem einheitlichen Konzept. Diese Idee betraf insbesondere die Gestaltung der Ecken und der Sichtachsen, um dem Betrachter, der Berlin betrat oder verließ, besondere, prunkvolle Schauseiten zu bieten. Insgesamt konnte das aber nicht zu einem befriedigenden Ende geführt werden, einige wichtige Punkte – wie zum Beispiel die Ecke Mohren-/Markgrafenstraße – blieben, möglicherweise aus Geldmangel, ausgespart.

Aufnahmen des Hofphotografen Ferdinand Albert Schwartz aus dem Jahre 1865 demonstrieren das Bestreben Gontards und Ungers, Harmonie, Geschlossenheit und Einheitlichkeit der Gesamterscheinung zu erreichen. (Abb. 42) Repräsentative Zeugen vorangegangener Bauperioden wie die Seehandlung blieben stehen und fügten sich in das Bild ein. Andere paßte man an (so das Französische Waisenhaus). Maßgebend für alle Schritte der Realisierung blieb: Der Hauptzugang nach Berlin oder der Weg aus der Stadt heraus führte – ganz anders als heute – mitten über diesen Platz.

42 Blick vom Französischen Turm nach Westen, Fotografie von
F. Albert Schwartz, 1865

Die Einzelheiten der Entwicklung des Bau-
plans sind wegen der unergiebigen Aktenlage
nicht nachvollziehbar. In einer Kabinettsordre
vom 10. Mai 1779 legte Friedrich II. fest: «Nachdem auf Sr. Königliche Majestät Befehl mit den
Bauten zu Berlin wieder der Anfang gemacht
werden soll, und dem Herrn Hauptmann von

Gontard nach der allergnädigsten Cabinettsordre vom Juni 1778 die Direktion derselben übertragen worden, also ist solches dem königlichen
Baucomptoir bekannt gemacht und den Herrn
Bauinspektoren in species aufgegeben alles das-
jenige, was in Ausübung derer diesjährigen ap-
probierten Bauten besage deren Anschläge und

59

sonst vorkommenden Umstände von gedachtem Herrn Hauptmann verfüget werden würde, auf das pünktlichste zu befolgen ...» Weiter heißt es dann unter Hinweis auf den uns interessierenden Komplex: *«Von den auszuführenden Bauten übernehmen Herr Oberbaurath Boumann die 5 Bürgerhäuser in der Leipzigerstraße, ausser den Comptoirgeschäften zur besonderen Aufsicht. Von den übrigen Bauten sind a) die vier Bürgerhäuser, b) das Waisenhaus auf dem Gensd'armenmarkte, c) das Hospital und die Armenbäckerei in der Oranienburgerstraße dem Herrn Bauinspektor Scheffler unterstellt ...»*

Es ist nicht eindeutig zu klären, ob die *«vier Bürgerhäuser»* auf Baulichkeiten am Markt zu beziehen sind, auszuschließen ist das zumindest nicht. Das Dokument steht wahrscheinlich im engen Zusammenhang mit den auszuführenden Turmbauten. Möglicherweise befiehlt die hier erwähnte, nicht wieder aufgefundene Kabinettsordre von Juni 1778 Gontard die Turmbauten, während mit dem zitierten Schreiben die Randbebauung in die Wege geleitet wird. In der Tat hat dieser Gedanke eine zeitliche Logik für den Gesamtkomplex. Jedenfalls befiehlt Friedrich II. erneut das Bauen in Berlin, und das muß sich in mehrfacher Weise auf den Gensd'armen-Markt beziehen. Verschiedenen Hinweisen gilt es nachzugehen:

1. Gontard erhielt die Oberleitung für die in der Folge in Berlin zu errichtenden Gebäude, deren Ausführung in anderen Händen lag. Er kam wohl vor allem wegen der Turmbauten nach Berlin.

2. Boumann leitete unter der Direktion von Gontard das Baucomptoir und bei einigen Häusern die Bauausführung. Es ist anzunehmen, daß die Entwürfe für diese Häuser von Gontard stammen, dann aber von Boumann beziehungsweise Scheffler überarbeitet worden sind. Ein Verfahren, das, wiederholt angewandt, eine eindeutige Zuordnung der Objekte erschwert.

3. Bei der Bewertung haben wir die wenig beachtete Tatsache anzumerken: Gontard war 1768 beim König in Ungnade gefallen; seitdem berieten der Souverän und sein Architekt die Bauten nicht mehr miteinander, sondern verkehrten nur über Mittelsmänner. Einer von ihnen war in Potsdam der erwähnte Unger, in Berlin zunächst Boumann. Die menschliche Größe Gontards ist zu bewundern. Er ertrug den Despotismus seines Auftraggebers, konnte mit ihm keine Diskussion über die vorgelegten Entwürfe führen und trotzdem – oder vielleicht gerade deshalb –, da sein Stil vom König bevorzugt wurde, reife Beweise seines Könnens geben. Diese machten in den Augen des 19. Jahrhunderts einen Großteil des architektonischen Ruhms Friedrichs II. aus.

4. Das neue Baugeschehen am Gensd'armen-Markt begann mit dem Französischen Waisenhaus – eine Feststellung, die mit Blick auf die «Dome» Bedeutung erhält, denn sie unterstreicht die angestrebte Einheitlichkeit zwischen Turmbauten und Platzwänden.

Das 1725 errichtete Französische Waisenhaus (Abb. 43) besaß ursprünglich nur ein Obergeschoß; es erhielt jetzt ein weiteres Stockwerk und eine veränderte beziehungsweise angepaßte Fassade. Wohl mit dem Fortschreiten der Entwurfsarbeiten für die Türme begannen weitreichende Überlegungen zur Gestaltung der Hausfassaden. Für den Gensd'armen-Markt ist bis auf wenige Ausnahmen festzustellen, daß die neu zu bauenden Häuser auf Grundstücken entstanden, die entweder schon vorher zusammengelegt worden waren oder für diesen Zweck vergrößert wurden.

Relativ gut nachzuvollziehen ist das Gesche-

43 *Das Französische Waisenhaus nach dem Umbau, Fotografie von F. Albert Schwartz, 1874*

hen auf dem heutigen Grundstück Französische Straße 40/41 an der Ecke zur ehemaligen Markgrafenstraße. Bereits die bis zur Gegenwart gültige Doppelnumerierung weist auf eine Zusammenlegung von Grundstücken hin. *«Der Gärtner Jacques»*, so heißt es in einer Notiz der Grundbuchakte aus dem Jahre 1727, und *«seine Ehefrau verkauften ... dem Doctor Medicinae Assessori des Ober Collegii Medici Bartholomy Pascal einen 10 Ruthen tiefen und*

4 1/2 Ruthen breiten in der französischen Straße belegenen Gartenplatz für 225 Reichsthaler, und es hat der Käufer auf dem Platz ein Haus erbauen lassen, dergestalt, daß dieses Grundstück nachher aus Haus, Hof und Garten bestand.» Aus dem Kontext kann man entnehmen, daß dieser Besitzwechsel am 13. Oktober 1725 stattgefunden haben muß. Möglicherweise war das erwähnte Anwesen aber an der Markgrafenstraße gelegen, da angesichts der geringen

61

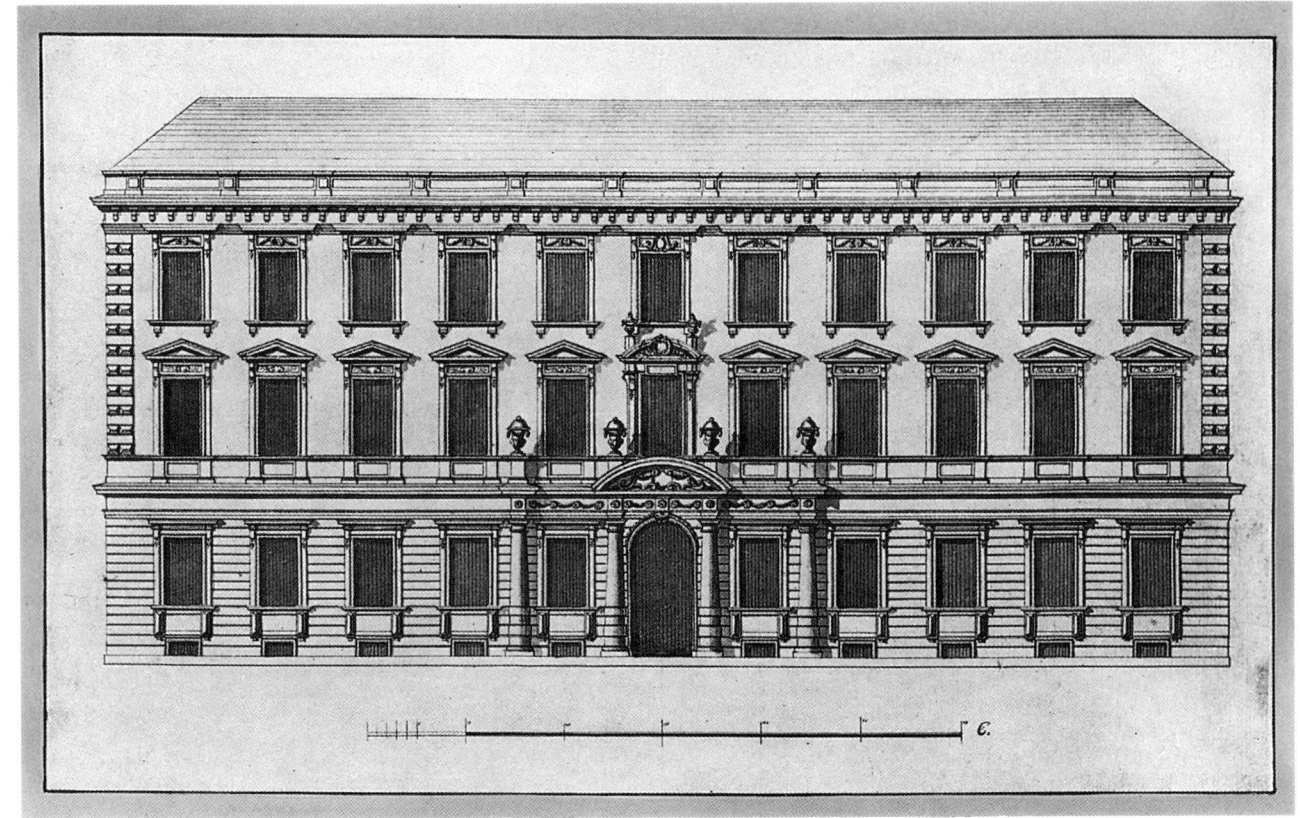

44 *Entwurfszeichnung Carl von Gontards für die spätere*
Weinhandlung Lutter & Wegner, um 1780

Grundstücksbreite in der Französischen Straße anders ein geglückter Hausbau gar nicht vorstellbar ist. Weiter erfahren wir: «Am 23. Mai 1727 verkaufte der Doctor Bartholomy Pascal dieses Grundstück dem Prediger der französischen Gemeinde Abraham Dumont für 1 200 Reichsthaler welches laut Quittung vom 20. Juli 1730 vermerkt worden.» Ein Vergleich mit den abgebildeten Plänen zeigt, daß diese Gegend 1723 noch nicht bebaut war: Offensichtlich lag hier die Gärtnerei des erwähnten Jacques, der einen Teil des Grundstücks verkaufte. Die Be-schreibung deutet auf das Eckgrundstück, das in der Französischen Straße nicht ganz 17 Meter maß. Danach erwarben «Prediger Abraham Dumont und dessen Ehefrau Charlotte geb. Plante … von dem Pantomimen Capitain Lambelus Derp und dessen Ehefrau Sophie Charlotte geb. von Mingroi einen in der Französischen Straße gelegenen Platz von 66 Fuß in der Breite und mit einer 18 Fuß tiefen Mauer, welche zwischen dem obigen Haus und dem Garten des Majors von Bouvrange liegt, für 200 Thaler … Auf dem Platz hat der Prediger Dumont Remisen

45 *Fassade der Weinhandlung Lutter & Wegner, Meßbild, um 1910*

46 Entwurfszeichnung Carl von Gontards für das
Haus Markgrafenstraße 46 (Salzkontor), um 1780,
Brandenburgisches Landesamt für Denkmalpflege, Berlin

und Stallungen erbauen lassen.» Das Grundstück zog sich nun fast 47 Meter in die Französische Straße hinein. 1736 werden *«alle Grundstücke zusammengefaßt und dem Prediger Dumont für 6 000 Thaler judiciert».*

Am *«24. Januar 1759 kaufte der Ober-Konsistorial Rath und französische Prediger Antoine Achard das Grundstück mit Bebauung für 6 700 Thaler».* Nach seinem Tode war seine Witwe Alleinerbin. Sie hinterließ, als sie am 21. Januar 1781 starb, Häuser und Grundstücke einer *«milden Stiftung»*, die sich *«auf ewige Zeiten»* aus den *«Einkünften beider Häuser zum Besten notdürftiger Personen und Familien»* finanzieren sollte. Die Notiz läßt den Schluß zu, daß mindestens zwei Häuser bestanden haben müssen – das ältere wahrscheinlich in der Markgrafenstraße und ein weiteres in der Französischen Straße. Diese Stiftung wurde von der Französischen Kolonie verwaltet, die

47 *Das Salzkontor, Fotografie von F. Albert Schwartz, um 1880*

die Einkünfte nach Abzug der Unkosten an die Berliner Armendirektion überwies. Für unsere Betrachtung erhält folgende Eintragung Bedeutung: «*Nachdem des Königs Majestät das eine der beiden Häuser, nämlich das in der französischen Straße in seinen Grenzen und Mauern neu hat aufbauen lassen, hat der Magistrat hiesiger Residenz unterm 20then April 1784 in Gefolge der Kabinettsordre v. 13then April 1771 der Besitzerin den Schenkungsbrief gefertigt.*»

In dieser beschriebenen Form stand der Komplex bis 1865. Wir besitzen eine Fotografie

(Abb. 51), die den Neubau von 1784 – wenn auch ohne die aus anderen Quellen bekannte Figurengruppe auf der Attika – sowie den älteren Bau aus den Jahren nach 1725 in der Markgrafenstraße zeigt. Ein Teil des Grundstücks gehörte also zum Monumentalisierungsprojekt des Marktplatzes. Da Gontard um die fragliche Zeit bereits in noch tiefere Ungnade gefallen war und Berlin 1781 verlassen hatte, kann man eigentlich nur Unger als Architekten vermuten. Die zwei Grundstücke gehören zusammen, was auch die gegenwärtige

65

48 *Fassadenzeichnung der Lotteriedirektion, um 1880*

Bebauung belegt. Das Projekt von 1784 bezog jedoch nur das eine Haus ein.

Die Abbildung zeigt den Neubau mit einer dreizehnachsigen Fassade von klarer Gliederung. Er zählte zu den prächtigsten und schönsten der Platzumrandung. Der Mittelteil war in besonderer Weise betont, aus der Fassade herausgehoben und mit vier Figuren auf der Attika bekrönt. In der Markgrafenstraße besaß der Bau nur drei Achsen. Gleichfalls zu sehen ist auch das zur «milden Stiftung der Witwe Achard geb. Horguelin» gehörende ältere Gebäude, das mit seinen elf Achsen zu den von dem Architekten Philipp Gerlach in der Friedrichstadt entworfenen gerechnet werden muß.

Der Neubau diente zunächst als Koloniegebäude, das heißt als administratives Zentrum der Französischen Kolonie, die auf Grund der verliehenen Privilegien über eigene Verwaltungsbehörden, Gericht und so weiter verfügte – ein Zustand, der bis zu der Stein-Hardenbergschen Städtereform von 1808 bewahrt werden konnte.

Ähnliche Entwicklungen können auch bei anderen Grundstücken am Gensd'armen-Markt nachgezeichnet werden, doch soll hier nur auf einige markante Punkte eingegangen werden. Nach den bereits erwähnten Angaben von Friedrich Nicolai sind in der Zeit von 1777 bis 1785 nach Ungers Zeichnungen dreizehn und nach Gontards sieben Gebäude der Randbebauung errichtet worden. Bei diesen zwanzig Häusern muß es sich nicht unbedingt um Neubauten gehandelt haben. Aus den Eintra-

66

49 Die Lotteriedirektion nach Renovierung und Umbau, Meßbild,
um 1908

gungen in die Grundakten läßt sich dazu einiges ermitteln, ohne daß allerdings der Baumeister oder Architekt angegeben wäre.

Gontard können zugeschrieben werden:

1. Das Französische Waisenhaus, Charlottenstraße 55 – 1725 erbaut, 1779 aufgestockt und mit einer neuen Fassade versehen, 1907 abgerissen. (Abb. 43)

2. Die Weinhandlung Lutter & Wegner, Charlottenstraße 49 – um 1780 erbaut, im zweiten Weltkrieg zerstört; Entwurfszeichnungen vorhanden. (Abb. 44 und 45)

50 Die Markgrafenstraße, Fotografie von F. Albert Schwartz, um 1880

3. Die Schuldenverwaltung, zeitweise auch Salzkontor, Markgrafenstraße 46 – 1890 abgetragen; Entwurfszeichnung vorhanden. (Abb. 46 und 47)

4. Die Lotteriedirektion, zeitweise auch Verwaltungsgericht, Markgrafenstraße 39 – um 1780 als Privathaus erbaut; seit etwa 1800 in Staatsbesitz (Zeichnung aus dieser Zeit vorhanden), im zweiten Weltkrieg zerstört. (Abb. 48 und 49)

5. Scheibles Hotel, Markgrafenstraße 41 – um 1780 erbaut, 1883/84 abgerissen; eine 1939 noch vorhandene Zeichnung, durch die die Autorschaft Gontards nachgewiesen werden konnte, war nicht mehr zu ermitteln. (Abb. 50)

6. Wohnhaus Zum weißen Schwan, Markgrafenstraße 44 – 1783 fertiggestellt, 1891 abgetragen, wobei der Grundstein gesichert wurde, in dem Gontard als Architekt benannt ist; die Grundsteinplatte – einst im Märkischen

51 *Die Stiftung Achard, Fotografie von F. Albert Schwartz, um 1865*

Museum aufbewahrt – muß als Kriegsverlust betrachtet werden.

7. Wohnhaus Mohrenstraße 28 – um 1778 erbaut, um 1893 abgerissen.

Demnach konzentrierte sich die Tätigkeit Gontards bei der Randbebauung vor allem auf die den Turmbauten gegenüberliegende Markgrafenstraße. Somit liegt die Vermutung nahe, daß man die besonders repräsentativen Fassaden in den Sichtachsen zuerst zu gestalten suchte.

Unger können folgende Objekte zugeschrieben werden:

1. Die Achardsche Stiftung, Französische Straße 40/41 – um 1784 gebaut, 1865 abgetragen. (Abb. 51)

2. Wohnhaus Unger, Französische Straße 42 – um 1782 errichtet, 1872/73 umgebaut und 1889 abgebrochen. (Abb. 51 und 54)

3. Wohnhaus Französische Straße 43 – um 1784 möglicherweise umgebaut, eingreifende Umbauten erfolgten 1829 und 1867, 1909 abgerissen. (Abb. 53)

4. Wohnhaus Französische Straße 44 – 1767 errichtet, 1783/84 Fassade überarbeitet, 1909 abgerissen. (Abb. 53)

5. Das Ammonsche Haus, von Nicolai als das prächtigste am ganzen Markt bezeichnet,

52 Hôtel de Brandebourg oder Ammonsches Haus, Fotografie von
F. Albert Schwartz, um 1880

Charlottenstraße 59 – um 1781 errichtet, später Hôtel de Brandebourg, um 1890 abgerissen. (Abb. 52)

6. Wohnhaus Charlottenstraße 58 – um 1778 errichtet, im zweiten Weltkrieg zerstört.

7. Wohnhaus Charlottenstraße 57 – um 1778 errichtet, um 1880 abgerissen.

8. Wohnhaus Charlottenstraße 56, späteres Wohnhaus von E.T.A. Hoffmann – um 1782 errichtet, 1874 abgerissen. (Abb. 53) Bei diesem Bau ist zumindest ein sehr starker Einfluß Gontards zu vermuten. Eine Darstellung war bisher nicht nachgewiesen, was allgemein be-dauert wurde, da dieses Haus, in dem E.T.A. Hoffmann eine Wohnung beim Geheimen Oberbaurat von Alten gemietet hatte, für die Literaturgeschichte Berlins besondere Bedeutung besaß.

9. Conditorey Stehely, Charlottenstraße 53 – keine Datierung möglich, 1884/85 abgetragen. (Abb. 42)

10. Wohnhaus Charlottenstraße 50 – um 1782 errichtet oder umgebaut, 1883 abgerissen.

11. Wohnhaus Mohrenstraße 24 – keine aktenmäßig gesicherte Datierung möglich.

*53 Das Wohnhaus E. T. A. Hoffmanns, Charlottenstraße 56,
Ausschnitt aus dem Gemälde «Der Deutsche Turm»,
unbekannter Künstler, um 1785, Märkisches Museum, Berlin*

54 Die Französische Straße, Radierung von Friedrich A. Calau und
Friedrich August Schmidt, um 1820

12. Wohnhaus Markgrafenstraße 45 – keine Datierung möglich, 1848 in der Fassade verändert, 1905 abgerissen.

13. Ein nicht näher zu bestimmendes Haus in der Markgrafenstraße.

Ungers Tätigkeit erstreckte sich demnach vor allem auf die dem Platz abgewandte Seite in der Charlottenstraße und auf die Schmalseite an der Französischen Straße. Überwiegend wurden diese Häuser auch später als die in der Markgrafenstraße errichtet. Vergegenwärtigt man sich die Bebauungssituation zu dem Zeitpunkt, als das Französische Komödienhaus noch vorhanden war, so stellt man fest, daß die repräsentativsten Gebäude in den neu gebildeten Sichtachsen standen. Das waren vor allem die Eckgebäude Französische Straße 40/41 sowie Charlottenstraße 56 bis 59. Letztere traten zwischen Theaterbau und Deutschem Turm voll ins Blickfeld. Die prächtigste Schauseite erhob sich in der Markgrafenstraße. Die anderen Häuser waren bescheidener gestaltet und entstanden im wesentlichen in den alten Grundstücksgrenzen. Die vorgenommene Zuordnung kann nur als ein erster Versuch angesehen werden, der zwar in vielem gesichert, bei einigen Objekten gegenwärtig aber nur Vermutung ohne aktenmäßigen Beleg ist.

1785 kam das Baugeschehen zum Erliegen. «Dome», Komödienhaus und Platzfassaden boten ein geschlossenes Bild und stellten die bemerkenswerteste architektonische Leistung am Ende des 18. Jahrhunderts in Berlin dar. Sieht man von dem nicht gelösten Blickpunkt an der Kreuzung Markgrafenstraße/Mohrenstraße ab, so war der Platz mit vornehmen dreigeschossigen Palastfassaden erstmals gefaßt und nach einem durchgängigen Konzept gestaltet. Die beiden Turmbauten waren wie die Platzwände als Pracht- und Schaustücke gedacht, ohne daß auf die Nutzbarkeit der prächtigen Kuppeltürme oder auf die Bedürfnisse der Hausbewohner Rücksicht genommen worden wäre. Überblickt man die Baugeschichte Berlins, so kann mit vollem Recht behauptet werden, daß das Gensd'armen-Markt-Ensemble die einzige geschlossene stadtgestalterische Arbeit seit Andreas Schlüter war, die einzige, die in dieser an Plänen und Ideen so reichen Zeit wirklich bis zu einem gewissen Ende geführt wurde.

Das Nationaltheater

Man kann es schon als typisch für den Gensd'armen-Markt bezeichnen, daß das Fertiggestellte bei den Architekten weitere Ideen zur Umgestaltung des Platzes auf den Plan rief – große Namen und große Projekte, die sich der Herausforderung des Ensembles stellten. Die Ursache dafür mag wohl darin gelegen haben, daß es zu jeder Zeit eine zu umfassende Aufgabe gewesen war, als daß die finanziellen Möglichkeiten zu einer endgültigen, geschlossenen Gestaltung ausgereicht hätten. Stets blieben Wünsche offen. Zum anderen weist jede bedeutendere platzgestalterische Lösung auf die Mängel der bereits errichteten Architekturen als eine Aufgabe für die Nachkommenden hin. Von seiner Anlage her war der Gensd'armen-Markt so beschaffen, daß er sein endgültiges Gesicht nur durch die Arbeit mehrerer Architektengenerationen gewinnen konnte.

Nach der Fixierung des städtebaulichen Höhepunktes auf das rechte und linke Quartier durch den Bau der beiden Türme mußte sich das weitere Interesse auf das mittlere Geviert, den eigentlichen Markt, richten. Das geschah in gewisser Nichtachtung der Nutzung des Platzes, andererseits aber auch im Zusammenhang mit seinem Markttreiben, das den Raum zu einem lebendigen Organismus werden ließ.

Das Französische Komödienhaus erfüllte seine Aufgabe nicht. Seit 1778 stand es, seiner Funktion entkleidet, leer, war eine Architekturattrappe geworden. Zeitweise ließ sich eine Pfropfenmanufaktur darin nieder, aber da diese das Innere nicht verändern durfte, nützte es auch als Produktionsstätte wenig und stand erneut leer.

1775 war Carl Theophil Doebbelin, der Prinzipal des Hauses, von Hamburg nach Berlin zurückgekehrt. Mit glücklicher Hand versuchte er, dem von Friedrich II. verachteten deutschsprachigen Theater eine Heimstatt zu schaffen. Die Situation hatte sich verändert, neue Kräfte regten sich. Das Berliner Bürgertum war in bescheidenem Maße wohlhabend geworden und verlegte einen Teil seiner Aktivitäten auf die Aneignung der Werke der Literatur, die Pflege künstlerischer Neigungen. Die Berliner Aufklärung, mit Namen wie Moses Mendelssohn, Friedrich Nicolai, Gotthold Ephraim Lessing und Friedrich Gedike verbunden, faßte im sich entwickelnden lokalen Bürgertum Fuß, das allerdings größtenteils darauf verzichtete, politische Forderungen zu stellen. Der Krise des Absolutismus begegnete man nicht mit politischen Auseinandersetzungen, sondern mit dem Versuch, auf dem Weg der Reform eine Veränderung der gesellschaftlichen Verhältnisse zu erreichen.

Unter diesen Bedingungen fanden Doebbelins Bemühungen große Resonanz. Gemeinsam mit seinen Schauspielern, wie dem Ehepaar Unzelmann und Fleck, eroberte er das Publikum. Er brachte die bürgerliche Dramatik auf die Bühne: Shakespeares und Schillers Stücke (1783 *Die Räuber*, später *Wallenstein*); Lessings *Nathan der Weise*. Zunächst hatte die private Truppe ihr Domizil auf einem Hinterhof in der Behrenstraße in einem unzulänglichen kleinen Saal – doch das tat ihrem Erfolg keinerlei Abbruch.

Unmittelbar nach dem Tode Friedrichs II. gaben die preußischen Staatsbehörden das verwahrloste und leerstehende Komödienhaus auf dem Gensd'armen-Markt an die Doebbelinsche Compagnie zur Nutzung. Die dies betreffende Königliche Ordre Friedrich Wilhelms II. hatte folgenden Wortlaut: «*Se. Königliche Majestät haben dem general-privilegierten Direktor der deutschen Bühne, Herrn Doebbelin, das ehemalige französische, von nun an Nationaltheater, mit allen den darin befindlichen Dekorationen und Maschinen, auch der dabei vorhandenen Garderobe, nebst 5 000 Thlr. jährlichen Gehalts [Zuschusses], außer der öffentlichen Einnahme, allergnädigst zu ertheilen geruht, auch ihm erlaubt, die Komparsenkleider bei Stücken, wo solche nöthig, aus dem Königlichen Opernhaus zu leihen.*»

Eine gründliche Renovierung folgte, und am 5. Dezember 1786 eröffnete das in den Rang eines «*Königlichen Nationaltheaters*» erhobene Haus seine Pforten. Mit diesem Datum hatte sich das Theater als Institution am Gensd'armen-Markt endgültig etabliert. Zugleich war für Berlin die erste Einrichtung geschaffen, die der Verbreitung bürgerlichen Gedankengutes mittels des Schauspiels diente. Als 1796 August Wilhelm Iffland die Direktion übernahm, begann eine Glanzzeit Berliner Theaterlebens. Allerdings machten sich bald die Fesseln des nach absolutistischem Geschmack errichteten Komödienhauses für das bürgerliche Schauspiel bemerkbar: Der Bau wurde zu eng. Die Unzulänglichkeiten erforderten eine Veränderung von Grund auf.

Der Neubau wurde schließlich Carl Gotthard Langhans übertragen. Er stellte ihn an die Rückfront des Marktplatzes, quergelagert in Nord-Süd-Richtung, wodurch zwischen den Kirchen und Türmen in einem Dreieck eine städtebaulich glückliche Dominante gefunden wurde. Diese Plazierung trug zwei weiteren Bedingungen Rechnung: Der Markt blieb erhalten, und da das neue Theater unmittelbar hinter der Rückfront des Komödienhauses zu stehen kam, konnte dieses bis zur Eröffnung des Neubaus voll genutzt werden. Langhans konnte den Bau in der relativ kurzen Frist von zwei Jahren beenden. Am 31. Dezember 1801 spielte man noch im alten, am 1. Januar 1802 dann im neuen Theater. Das Boumannsche Komödienhaus von 1774 wurde abgebrochen.

Das neue Schauspielhaus bildete ein Rechteck, das das hintere Geviert des Platzes an der Charlottenstraße einnahm. (Abb. 55) Der Haupteingang – eine wichtige Festlegung zur Platzgestaltung, die die durch Gontard vorgegebene Orientierung aufnahm – lag nach Osten, wodurch jetzt ein wirklicher Platz entstand. Die Räume des Neubaus reihten sich aber in Nord-Süd-Richtung, so daß der Besu-

55 *Vorderansicht des Nationaltheaters von Carl Gotthard Langhans,*
Zeichnung von Carl Ferdinand Langhans, 1800

cher unmittelbar in das Theater trat. Im Obergeschoß befand sich nördlich der ovale Konzertsaal mit einer von Säulen getragenen Galerie; ihm folgte, getrennt durch einen breiten Gang, das ebenfalls ovale beziehungsweise elliptisch geformte Auditorium; danach die Bühne. Ganz an der Südseite lag das Kulissenmagazin. Der Zuschauerraum faßte mit seinen vier Rängen 2000 Besucher. Die Verschiebung der beiden Haupträume – Konzertsaal und Theatersaal – in die Hauptachse erfolgte aus repräsentativen Gründen. Man benötigte für die Königsloge einen Aufgang mit Treppenflur, der sich anders nicht unterbringen ließ. Vor

dem Theater erhob sich platzseitig eine Vorhalle mit sechs ionischen Säulen, an den anderen Fronten standen entsprechend je vier ionische Wandsäulen, zwischen denen die Eingänge lagen.

Eine Merkwürdigkeit zeichnete das Dach aus: Eine gewaltige schwerfällige Konstruktion lastete auf dem Baukörper, so daß er bei seiner geringen Höhe seltsam gedrückt und unbeholfen aussah. Wegen der entstandenen eigenartigen Silhouette nannten die Berliner den Bau scherzhaft «*Koffer*». Tatsächlich erinnerte die nach oben rund auf eine Plattform zulaufende Dachgestalt an einen Koffer der damaligen

Zeit. Diese Dachform resultierte aus der Absicht, den Bodenraum völlig zu nutzen.

In der Zeit des Stilumbruchs in der Berliner Architektur erfuhr der Bau mannigfaltige, zumeist negative Kritik. Man hielt ihn schlichtweg für eine Unmöglichkeit, störte sich an dem gerundeten Dach, vermißte den feierlichen Gestus. Zu wenig wurde honoriert, daß Langhans eine wirkliche Platzbildung im Auge gehabt hatte. Das Theater sollte weniger als autonomer Baukörper, sondern mehr als ein Bindeglied zwischen den beherrschenden Turmkomplexen fungieren – das muß man sich klarmachen, um den Langhansschen Gedanken zu verstehen. Mit seiner östlichen Front ragte das Theater bis an die Turmbauten mit ihrem starken Vertikalzug in den Platz hinein – ein horizontales Gegengewicht zur Vermittlung zwischen beiden «Domen» (Schinkel hat später den Horizontal-und-Vertikal-Kontrast der Baukörper – wenn auch in entschieden beeindruckenderer Form – aufgenommen). Langhans mußte die Turmbauten als Dominante anerkennen, und er beließ ihnen mit der reichen Plastizität ihrer profilierten Architektur auch die tragende Rolle bei der Formung des Platzbildes. Folglich hielt er sich in der Fassadengestaltung seines Theaterbaus zurück – vielleicht zu sehr; eine gewisse Differenzierung trat eigentlich nur innerhalb der Fensterachsen in dem Wechsel von rechteckigen und halbkreisförmigen Öffnungen zutage. Besonders betont wurde der Portikus mit seinen sechs Säulen, der das Motiv der Turmunterbauten in bescheideneren Formen wiederholte.

Die innere Funktionsfähigkeit des Theatergebäudes war allerdings nicht garantiert. Wollte man es betreten, lag der günstigste Eingang an der Jägerstraße; hier befanden sich auch tatsächlich das Entree für den Hof und der Zugang zum Konzertsaal. Die anderen Räume waren jedoch nur über viele Treppenfluchten erreichbar. So bot sich das Innere dem Besucher verwirrend unübersichtlich und teilweise dunkel dar.

Das Schauspielhaus

Am 29. Juli 1817 erschreckte die Bewohner der Friedrichstadt Feueralarm: Das Nationaltheater stand in Flammen. Das Feuer war durch Unachtsamkeit in den Werkstätten unter dem Dach ausgebrochen, und in kurzer Zeit brannte der ganze Bau. Nur unter Einsatz aller zur Verfügung stehenden Mittel gelang es, die Ausbreitung des Brandes auf die Häuser und die übrigen Baulichkeiten des Platzes zu verhindern.

Es verbrannten Kostüme, Magazine und Kulissen auf dem Boden und das Dach selbst. Es rächte sich, daß der gesamte Bodenraum genutzt wurde und mit brennbaren Materialien vollgestopft war. Die Dachkonstruktion stürzte brennend in den Theaterraum und hinterließ eine Trümmerwüste, in der nur die nackten Mauern aufrecht standen. Vom Feuer nicht angegriffen waren die sechs ionischen Säulen des Portikus.

Sehr bald regte sich der Wunsch, den Bau wiederherzustellen oder einen neuen aufzuführen. In der Folge erhielt Karl Friedrich Schinkel, Mitarbeiter der Königlichen Bauputation, den Auftrag, seinen grandiosen Neubau zu errichten, der die Gestaltung des Gensd'armen-Marktes abschloß.

Iffland war 1815 gestorben; als sein Nachfolger wurde Graf Carl von Brühl eingesetzt. Wie sein Vorgänger, der diese Doppelfunktion seit 1811 innehatte, vereinigte er in seiner Person die Leitung der Königlichen Theater, also des

Opernhauses Unter den Linden und des Schauspielhauses. Iffland führte den Titel *«Generaldirektor der Königlichen Schauspiele»*. Sein Nachfolger, kunstsinnig und theaterfreudig, kam nicht aus der Welt des Theaters, er nannte sich *«Generalintendant»*. Bereits diese Begriffsbildung, dem militärischen Sprachgebrauch entlehnt, betonte den Unterschied zwischen den königlichen und den privaten Bühnen. Zwar ist die Bezeichnung später allgemein gültig geworden, und die verantwortlichen Positionen in allen Spielstätten werden heute mit Intendanten besetzt, aber zur Zeit ihrer Entstehung markierte diese Bezeichnung doch, daß damit auch für das Theater die Zeit der Reformen im Sinne einer bürgerlichen Umgestaltung beendet war.

Brühl berichtete König Friedrich Wilhelm III. in Karlsbad über den Brand und seine möglichen Ursachen. Zugleich ersuchte er darum: *«... Pläne und Anschläge zu einem neuen Gebäude von mehreren bedeutenden vielleicht auch auswärtigen Künstlern, besonders aber auch dem Geheimen Oberbaurat Schinkel einfordern zu dürfen»*.

Karl Friedrich Schinkel war am 15. Mai 1810 als Ober-Bau-Assessor in die technische Ober-Bau-Deputation, die Nachfolgerin des Königlichen Ober-Hofbauamtes, eingetreten. Sie war für alle Staatsbauten und Bauten des Königlichen Hofes zuständig und wirkte insbesondere bei den großen Vorhaben in Berlin. 1817 wurde sie dem *«Ministerium des Handels, des Gewerbes und des gesamten Bauwesens»* eingegliedert, dem der Minister Ludwig Friedrich Victor Hans Graf von Bülow vorstand. Dieser war als Finanzminister im Jahre 1817 mit der Idee hervorgetreten, den Haushalt durch Einsparungen im militärischen Bereich zu entlasten. Bülow verlor daraufhin seinen Posten, blieb aber Minister für das neue Ressort. Diese

Episode beleuchtet den erreichten Stand und den Charakter der preußischen Reformen, die nachhaltig auch auf die Möglichkeiten Schinkels bei der Realisierung seiner Ideen in bezug auf das Schauspielhaus wirkten.

Preußen hatte sich partiell verändert. Die Reformen leiteten, trotz Halbheiten und Unvollkommenheiten, im agrarischen, gewerblichen, administrativen und militärischen Bereich die bürgerliche Umwälzung ein, die sich im Verlauf des 19. Jahrhunderts in mehreren Etappen vollzog. Die bürgerliche Revolution in Preußen hatte begonnen; es war eine Revolution von oben. Während der Restaurationszeit nach 1815 gab es zunächst einen Rückschlag, als das Ziel verfolgt wurde, die Reformen zurückzudrängen beziehungsweise zu verhindern, daß sie weiter vorangetrieben werden konnten. Der Widerstreit der Ideen und Ansprüche schlug sich auch in den großen Bauwerken nieder, die Schinkel nach 1815 schuf und mit denen er sich den geistigen Forderungen der Zeit stellte.

Das Bürgertum maß der Bildung bei der Entwicklung eines Nationalbewußtseins große Bedeutung bei. Theater galten als wichtige Bildungsinstitute, und dementsprechend mußte dem Neubau eines Theaters ein hoher Rang zukommen. Aber auch der Hof griff in der Phase der Restauration den Bildungsgedanken auf und stellte ihn in den Dienst der eigenen Repräsentation und der eigenen politischen Ziele. Diese Widersprüchlichkeit mußte auch in der Gestaltung der zu errichtenden Bauten zum Ausdruck kommen. Einerseits war die Wiederbelebung der antiken Architekturformen Ausdruck einer bürgerlichen Bildungsidee, sah doch das europäische Bürgertum in der griechischen und römischen Philosophie, Dichtung und Kunst einen Anknüpfungspunkt für die Ausprägung der eigenen Identität.

Andererseits boten die klassischen Architekturformen der fürstlichen Selbstverherrlichung und der Demonstration eines erneuerten Machtanspruchs alle Möglichkeiten. Ein Neubau am Gensd'armen-Markt rückte den Platz, stärker als jede frühere Bautätigkeit es getan hatte, in eine zentrale Stellung, in den Mittelpunkt schwelender politischer und somit auch künstlerischer Auseinandersetzungen.

Am 19. November 1817 erging der königliche Erlaß zum Wiederaufbau des Hauses. Dabei schrieb der König die Verkleinerung des Zuschauerraums sowie die Erweiterung des Konzertsaals vor. Am 28. April 1818 legte Schinkel fünf Blätter (Abb. 56) mit einem kurzen Erläuterungsbericht vor; bereits zwei Tage später wurden sie gebilligt und der Auftrag zur Ausführung erteilt. Schinkels Grundgedanke ging von der funktionellen Dreiteilung des Gebäudes aus, die von außen sichtbar sein sollte: Theater, Konzertsaal und Funktionsblock. Grundlage hatte auf Befehl des Königs der rechteckige Korpus des alten Nationaltheaters zu sein, da Mauern und Fundamente erneut verwendet werden mußten, wodurch sich der quergelagerte Korpus des Vorgängerbaus deutlich in dem neuen Theater abzeichnet. Schinkel mußte also die ursprüngliche städtebauliche Einordnung übernehmen, wobei er die baulichen und funktionellen Mängel des alten Hauses genial überwand. Mit der Aufnahme des zwischen den Gontardschen Türmen quergelagerten Blocks folgte er der einmal gewonnenen Platzsymmetrie und veränderte die Sichten nicht. Das eigentliche Theater – Zuschauerraum und Bühne – brachte er in einem zweiten Block unter, der sich quer zur Richtung des alten Baus über diesen hinaus erhebt. Die Höhe dieses zweiten Blocks wurde vom Bühnenhaus vorgegeben, das, anders als das Nationaltheater, über einen

Schnürboden verfügte. So durchdringen sich zwei Quader, die einander bedingen und zugleich aufheben, da die jeweils überstehenden Teile in jeder Ansicht als Anbauten erscheinen. Dabei dominiert die Masse des Bühnenhauses eindeutig.

Eine der schwierigsten Aufgaben löste Schinkel genial: Es war der Wunsch des Königs, die unzerstörten sechs ionischen Säulen am Bau wieder verwendet zu sehen. Schinkel ließ sie kannelieren und gestaltete mit ihnen auf der Freitreppe einen Portikus, über dessen Tympanon er den Hauptgiebel plazierte. Beide wiederholen sich, allerdings ohne Figurenschmuck, an der Rückfront in der Charlottenstraße. So erhielt der Bau seine west-östliche Orientierung, die von den beiden Giebelfeldern an der Jäger- und Taubenstraße nicht aufgehoben wird, da diese von der Schauseite – also vom Platz – her nicht zur Wirkung kommen.

Deutlich können vom heutigen Bau noch die Konturen des alten Nationaltheaters abgelesen werden, die angewiesene weitestgehende Wiederverwendung der Mauern spiegelt sich im Äußeren wider. An der Charlottenstraße stoßen die Seitenbauten direkt und nur wenig zurückgesetzt an das Bühnenhaus, an der Platzfront werden sie mit dem Mitteltrakt durch zwei mit der Portikusrückwand fluchtende Zwischenbauten verbunden – Schinkel nannte sie Türme. Ihre Breite ergab sich aus dem Raum zwischen der Rückwand des ehemaligen Zuschauerraums und der Längswand des ehemaligen Konzertsaals. Den neuen Konzertsaal ordnete Schinkel in den Südflügel ein; er hatte die Breite des Vorgängers, lag aber auf der anderen Seite. Im Nordflügel waren die für den Theaterbetrieb notwendigen Räume untergebracht.

Die großartige Fassade hält den ganzen Bau

56 Perspektivische Ansicht des Schauspielhauses von
Karl Friedrich Schinkel, 1818

zusammen. Sie ruht auf einem Sockel und be-
sitzt mit ihrem Fenstersystem sowie mit ihren
großen und kleinen Pilastern, die das gesamte
Gebäude umziehen, eine ausgewogene, stren-
ge Gliederung. Die Merkwürdigkeit besteht in
der Freitreppe, die sich einladend zum Platz
öffnet, um – im Unterschied zu dem gar nicht
aufwendigen Entree der Hofoper Unter den
Linden – anzudeuten, daß das Haus und seine
Aufführungen allen Bürgern offenstünden.
Hier zeigen sich die demokratischen Vorstellungen von der erzieherischen Rolle der Institution Theater im Gegensatz zur feudal ge-
prägten Eingangssituation der Oper. Zugleich
kommt aber auch das Illusionäre derartiger
Gedanken zum Ausdruck. Das Sockelgeschoß
nahm die Eingangshallen zum Theater und
zum Konzertsaal auf. Die große Freitreppe
führte lediglich in die Logenumgänge, sie
diente nicht – wie zu vermuten – als Haupteingang. Zwar hatte Schinkel hier drei Türen an-
geordnet, die sich, gemessen an der Ge-
samtfläche der Fassade, relativ bescheiden
ausnehmen, aber sie wurden kaum und später

gar nicht mehr genutzt. Die große, sich demo-kratisch darstellende Treppe führte in ein Nichts. Trotzdem muß das Ergebnis als klassisch bezeichnet werden, da Schinkel aus dem Vorgefundenen und Vorgegebenen ein Werk konzipierte, das klassizistisches Gedankengut und künstlerische Meisterschaft repräsentiert.

Mit dem Bau wurde der Platz neu organisiert. Die gegenseitige Zuordnung von Schauspielhaus und Türmen öffnete sich eindeutig nach Osten. Kritische Punkte blieben die Kirchen, denn sie waren entgegengesetzt ausgerichtet und erzwangen einen großen Teil der Nutzung des rückwärtigen Platzes – als Widerspiegelung der wechselvollen Baugeschichte – in der Nord-Süd-Ausdehnung. Daraus erklärt sich der beständig wiederholte Gedanke, die «Dome» enger mit den Sakralbauten zu verbinden, um die nach Osten sich öffnenden Säulenhallen der Türme als Eingänge für die Kirchen zu gestalten.

Am 14. Mai 1818 erging eine königliche Kabinettsordre an den Staatskanzler Karl August Fürst von Hardenberg mit folgendem Wortlaut: *«Durch die unter dem 30ten d. M. an den General-Intendanten der Schauspiele Grafen von Brühl erlaßene Cabinets-Ordre habe ich bereits den von ihm vorgelegten Plan zum Aufbau des Schauspielhauses genehmigt und demselben die baldige Vorlegung des möglichst zu ermäßigenden Anschlages aufgegeben. Zur Ausführung der Sache soll eine besondere Theater Bau Commission, bestehend aus den g. Grafen von Brühl, dem Geheimen Ober Bau Rath Schinkel und dem Regierungs- und Bau Rath Triest gebildet werden, welche die Geschäfte und alles anordnet, was solches befördern kann. Die zu treffenden Maasregeln müssen von diesen drei Mitgliedern gemeinschaftlich berathen, und die Verfügungen von ihnen sämtlich unterschrieben werden. Nur diejenigen Anordnungen, welche sich auf die Architectur des Baus, namentlich auf die innere und äußere Verzierung des Gebäudes beziehen, bleiben ausschließlich dem g. Schinkel überlaßen, der den Plan entworfen hat. Um die auf diesen Gegenstand Bezug habenden Zahlungen gehörig übersehen zu können, muß eine Theater Bau Casse errichtet werden, deren Führung der Rendant der Theater Casse füglich mit übernehmen kann. Zur Bestreitung der notwendigsten Zahlungen bewillige Ich vorläufig die Summe von 50 000 Thalern, welche vorschußweise auf die Haupt Casse des Schatz Ministerii anzuweisen sind. Hiernach sollen sie das Weitere verfügen.»*

Mit der offiziellen Grundsteinlegung am 4. Juli 1818 begannen die Bauarbeiten. Am 18. September berichtete die Königliche Immediat-Theater-Bau-Kommission über die Erweiterung der Kostenanschläge für den Bau und teilte mit, daß die Zeichnungen noch nicht endgültig fertig seien; sie erführen eine detaillierte Beurteilung. Im Oktober 1818 konnten sie dann vorgelegt werden. Dabei handelte es sich um etwa 80 bis ins Detail gehende Zeichnungen sowie die dazugehörigen Kostenanschläge, die eine Gesamtsumme von 748 952 Talern und 22 Groschen auswiesen. Am 31. Dezember genehmigte der König die Zeichnungen und die geplante Summe. Der Bau war unterdes vorangeschritten, denn zu diesem Zeitpunkt stand bereits der mittlere Theatertrakt im Rohbau, und das Dach konnte gerichtet werden. Gleichzeitig deutete sich aber an, daß die Bausumme erhöht werden mußte.

Der Zwang zur Verwendung des alten Mauerwerks führte eher zu höheren Kosten statt zu Einsparungen, schränkte aber andererseits Schinkels Gestaltungsmöglichkeiten erheblich ein. So logisch der Gedanke zunächst gewesen sein mag, in der Praxis erwies er sich als Fehlschlag.

Am 11. März 1820 mußte sich Schinkel rechtfertigen; er tat dies nicht mit dem Hinweis auf die unnötig entstandenen Kosten auf Grund der vom König verfügten Verwendung der Mauern des alten Baus, sondern auf zusätzliche kostspielige Positionen und Entwurfsänderungen, wie beispielsweise massive Treppenanlagen, Zinkdächer und moderne Bühnentechnik. Trotzdem hielten die Behörden Schinkel ständig zu Einsparungen an. Am 4. Oktober 1822 präsentierte er die Endabrechnung. Sie belief sich:

«zum rohen Bau	*auf 468 952 Thaler*	*22 Groschen*	*9 Pfennige*
zum Ausbau	*auf 280 730 Thaler*	*3 Groschen*	*6 Pfennige*
zu den Malerarbeiten des Rohbaus	*auf 53 710 Thaler*	*11 Groschen*	*10 Pfennige*
extraordinäre Ausgaben	*auf 10 000 Thaler*		
Kosten in Summa	*813 393 Thaler*	*14 Groschen*	*1 Pfennige»*

Weiterhin weist die Abrechnung, ohne zu belegen, wie es dazu kam, diese Position aus: *«Sämtliche Kosten in Summe 860 641 Thaler, 14 Groschen und 11 1/2 Pfennige».* Davon setzte man 7 441 Thaler, 8 Groschen und 6 Pfennige für den Verkauf der Abbruchmaterialien ab. Insgesamt stellen sich angesichts der Wirkung des Bauwerks die Baukosten eher als eine bescheidene Summe dar.

1820 war der innere Ausbau fertiggestellt, und die Werke der Bildhauerei und Malerei fanden ihren Platz. Auch hier wirkte Schinkel beispielhaft. Er ordnete den gesamten Schmuck dem Prinzip der Zweckmäßigkeit unter und bestimmte, daß nach der Wahl des besten Ortes, der Wahl der besten Verzierung und der besten Bearbeitung der Verzierung zu verfahren sei. Schinkel konzipierte die bildnerische und malerische Ausschmückung des Hauses, ließ den ausführenden Künstlern aber

freie Hand, um deren persönliche Leistung voll zur Wirkung zu bringen.

Das Äußere ist dem Theater der Alten verpflichtet, es greift auf die antike Mythologie zurück. Schinkel huldigt Apollon, dem göttlichen Patron der Schönen Künste und dem Herrn der Musen, sowie Bacchus, aus dessen Kult das antike Theater ja hervorgegangen war. Für die plastischen Arbeiten gewann er Christian Daniel Rauch und Christian Friedrich Tieck. (Abb. 56) Rauch modellierte den Feuerwagen des Apollon auf dem oberen Hauptfrontgiebel und entwarf für die Rückfront einen schreitenden Greifen. Als Tieck 1819 von einem Aufenthalt in Carrara nach Berlin zurückkehrte, änderte man das Figurenprogramm: Apollon erhielt statt eines Viergespanns zwei Greifen als Zugtiere, und auf die Rückseite kam Pegasus, das Flügelroß.

Das obere Giebelfeld des Haupttraktes gestaltete Tieck als Huldigung an den geflügelten Eros, den allbezwingenden Gott der Liebe, auch der Liebe zur Kunst, der die Triebkraft der Erkenntnis symbolisieren soll. Eros steht mit einem Bogen vor einem Steinthron in der Mitte, zu beiden Seiten Psyche mit tragischer und komischer Maske sowie dem Apollon geheiligte Schwäne und Schlangen. Das darunterliegende Tympanon gestaltete Schinkel frei nach dem des Tempels der Pallas Athene auf der Akropolis zu Athen. Es erzählt die Geschichte der Niobe, deren tragisches Schicksal

*57 Bühnendekoration des Schauspielhauses für den Eröffnungsprolog,
Zeichnung von Karl Friedrich Schinkel, 1821,
Staatliche Museen zu Berlin – Preußischer Kulturbesitz,
Nationalgalerie, Sammlung der Zeichnungen*

in diesen Jahren besondere Anteilnahme erfuhr. Als Mutter von vierzehn Kindern behaup-
tete sie sich stolz gegenüber Leto, der Mutter
Apollons, und wurde – weil sie sich den Göt-
tern verglich – mit dem Tode aller ihrer Kinder
bestraft. Auf dem unteren Hauptgiebel stehen
die Musen Melpomene (für die Tragödie), Po-
lyhymnia (Poesie) und Thalia (Komödie), von
Tieck entworfen. Der nördliche Giebel zeigt
den Triumphzug des Bacchus und der Ariadne,
von Kentauren und Satyrn umgeben. Das südliche Tympanon ist geschmückt mit der Dar-

58 Vestibül im Südflügel des Schauspielhauses, Meßbild, 1935

stellung der Befreiung der Eurydike aus der Unterwelt durch die Musik des Orpheus. Auf den nördlichen Giebelecken stehen die Musen Klio (Geschichte), Kalliope (Epos) und Euterpe (Gesang), auf den südlichen folgen die Musen Urania (Astronomie), Terpsichore (Tanzkunst) und Erato (Liebesdichtung). Alle Figuren entstanden nach den Entwürfen von Tieck. Damit ist auch der moderne Begriff des «Musentem-pels» geklärt, der heute oftmals ohne genaue Kenntnis seiner Herkunft und seiner Bedeutung verwandt wird: Alle Musen und Apollon stehen auf dem Schauspielhaus, ihnen ist das Gebäude gewidmet, das «Tempel der Musen» sein soll.

Für die Treppenwangen der Freitreppe konzipierte Schinkel nach antikem Vorbild metallene Feuerbecken, die aber nicht zur Aufstel-

59 *Oberer Foyersaal im Schauspielhaus, Meßbild, 1935*

lung kamen. Erst nach seinem Tode setzte man, nach einem Vorschlag des Bildhauers Christian Daniel Rauch, des Malers Peter von Cornelius sowie des Architekten und Schinkel-Schülers August Stüler, die noch heute vorhandenen musizierenden Amoretten auf Löwe beziehungsweise Panther an ihren Platz. Die Modelle schuf wiederum Tieck, sie waren seine letzte Arbeit.

Im Inneren dominierte die malerische Ausgestaltung vor der bildnerischen. Auch hier gelang es Schinkel, ausgezeichnete Künstler zu gewinnen. Den Zuschauerraum beherrschte in vornehmer Einfachheit und Eleganz weißer Schleiflack mit zarter Goldgliederung. Nur zwei Medaillons von Tieck links und rechts der Bühne, Bacchus und Apollon darstellend, geben plastischen Schmuck. Die Gliederung

84

60 Vorsaal des Konzertsaals im Schauspielhaus, Meßbild, 1935

des Raumes überwand die alte Logenordnung. Der Deckenplafond zeigte in Medaillons die Musen, der Plafond des Proszeniums ein Bacchanal. Eine von Schinkel stammende Darstellung der Bühne und ihrer Dekoration zum Eröffnungsprolog zeigt die Gliederung des Raums, und der Vorhang macht eine weitere wichtige Überlegung Schinkels anschaulich: Die Betrachter blickten auf den Gensd'armen-Markt mit dem Schauspielhaus. (Abb. 57) Auf diesem Vorhang legte Schinkel seine Vorstellung von der klassizistischen Ordnung des Platzes dar: Er säumte diesen mit streng ausgerichteten Baumreihen, die sowohl im Vorder- als im Hintergrund außerhalb des Marktes, also vor den bestehenden Häuserzeilen, standen. Eine Ordnung, die das Zentrum des Platzes mit dem neuen Schauspielhaus beson-

61 und 62 Konzertsaal im Schauspielhaus, Meßbilder, 1935

ders betonte, es hervorhob und in eine ge-
glückte Korrespondenz mit den Türmen
brachte.

Den Konzertsaal sowie die angrenzenden
Räumlichkeiten führte Schinkel besonders

prächtig aus. (Abb. 58–62) Ihre Gestaltung war
ein Höhepunkt der Innenraumdekoration.
Auch hier überwogen Darstellungen aus dem
Sagenkreis um Apollon. Eine Besonderheit
waren die Bildnisbüsten deutscher Dichter und

bekannter Theaterleute und die marmorne Sitzstatue Afflands, die einen Glanzpunkt vaterländischer Gesinnung darstellte, da Schinkel sie in den Rahmen der griechischen Mythologie stellte. Gerade der Verlust dieser Büsten und Statuen als Dokumente der Traditionsbildung muß für Berlin als sehr schmerzlich angesehen werden. Erhalten hat sich lediglich der Torso einer Bildnisbüste, die die Denkmalpflege sicherte.

63 Berliner Lesekonditorei, Gemälde von Gustav Taubert, 1832,
Berlin Museum

Caffee und Lesezimmer

64 *Das rote Zimmer bei Stehely, Aquarell von Leopold Ludwig Müller,*
1827, Märkisches Museum, Berlin

Das Leben am Gensd'armen-Markt

Am 26. Mai 1821 erfolgte mit Goethes «*Iphigenie auf Tauris*» – auch hier ein antikes Thema – die feierliche Eröffnung des Schauspielhauses. Sie stellte in dem Zeitabschnitt zwischen 1815 und 1848 *den* Höhepunkt in den Annalen des Gensd'armen-Marktes dar. Überblickt man die

Geschichte des Platzes und forscht nach den Gründen, die zu seinem Ruf führten, so findet man sie alle in diesen Jahren konzentriert, insbesondere zwischen 1815 und 1830. Das Werk vieler vorangegangener Generationen hatte diesen Höhepunkt vorbereitet und ermöglicht. Nach 1830 wurde das Bild bewahrt und um neue wesentliche, wenn auch in der Literatur kaum beachtete Züge bereichert. Nach 1890 begann der Untergang in dem Rigorismus der Bau- und Bodenspekulanten, deren Werk die Bomben des zweiten Weltkrieges schließlich «vollenden» sollten.

Seinen Ruf gewann der Platz vor allem nach 1815, dafür sorgten neben dem Schauspielhaus die zahlreichen Gaststätten und Lokale und in erster Linie die dort lebenden und verkehrenden Menschen. Der große Marktplatz diente der Versorgung der anwohnenden Berliner, die ihn durch Handel und Wandel täglich mit pulsierendem Leben erfüllten – einem Leben voller Erwerbs- und Bürgersinn. (Abb. 66) Die Häuser beherbergten Menschen, die nicht zur Stadtarmut zählten, aber ebensowenig «im Reichtum schwammen»: Handwerksmeister, Staatsbeamte bis hinauf zum mittleren Dienst, Angehörige der Universität und der Akademie, Schauspieler und so weiter. Zum Bild des Platzes gehörten kleine Läden und nach und nach entstehende Lokale, die den Menschen Möglichkeiten zur Kommunikation und zum Disput boten. Im einzelnen hatte dieses Dasein wenig Sensationelles, in der Summe aber durchaus. Es war ein kleinbürgerliches Leben in Berlin, der *«Hauptstadt der deutschen Romantik»* – aber zu einer Zeit, als das Kleinbürgertum noch die Kraft zu demokratischen Wunschvorstellungen besaß und noch nicht in Selbstzufriedenheit erstickt war.

Berlin wurde Gegenstand der Literatur durch die Arbeiten von E.T.A. Hoffmann, oft vereinfachend als *«Gespenster-Hoffmann»* bezeichnet. Nach zahlreichen Irrfahrten und Wanderjahren kam er am 26. September 1815 in Berlin an und nahm Wohnung beim Geheimen Oberbaurat Martin von Alten in der Charlottenstraße am Gensd'armen-Markt. Er richtete sein Leben an diesem Platze ein. Dutzende von Geschichten und Anekdoten berichten von seinen tatsächlichen oder angeblichen Eskapa-den bei Lutter & Wegner und in anderen Lokalen am Ort. Wichtiger aber waren die Gespräche im Freundeskreis, insbesondere mit Ludwig Devrient, dem genialen Mimen des Schauspielhauses. Das Theater bildete den entscheidenden Betätigungsort Hoffmanns außerhalb seiner Dienststunden am Kammergericht (heute Berlin Museum) in der Lindenstraße. Hier sei vor allem an seine Oper *«Undine»* erinnert.

1822 schrieb Hoffmann seine im Zusammenhang mit dem Platz bedeutungsvolle Erzählung *«Des Vetters Eckfenster»*. Es ist eine Doppelgängergeschichte, in der der Erzähler – Hoffmann selbst – seinen kranken Vetter besucht, dem nur noch das Vergnügen bleibt, auf das Treiben des Marktes zu schauen und sich dabei Geschichten zu überlegen. Der Vetter ist ebenfalls Hoffmann selbst, dessen *«unbesiegbare[r] Hang zur Schriftstellerei ... schwarzes Unheil über [den] armen Vetter gebracht hat»*. Eigenes Schicksal, kurz beschrieben, denn Hoffmann war als Schriftsteller wegen seiner politischen Anspielungen mehr als einmal angefeindet worden und starb – nach schwerem Krankenlager – vor dem Beginn eines Disziplinarverfahrens gegen ihn. Aber *«die schwerste Krankheit vermochte nicht den raschen Rädergang der Phantasie zu hemmen, der in seinem Innern fortarbeitete, stets Neues und Neues erzeugend. So kam es, daß er mir allerlei anmutige Geschichten erzählte, die er, des mannigfachen Wehs, das er duldete, unerachtet, ersonnen. Aber den Weg, den der Gedanke verfolgen mußte, um auf dem Papier gestaltet zu erscheinen, hatte der böse Dämon der Krankheit versperrt. Sowie mein Vetter etwas aufschreiben wollte, versagten ihm nicht allein die Finger den Dienst, sondern der Gedanke selbst war verstoben und verflogen.»* – Eindringliche Darstellung der eigenen Lebenssituation.

Hoffmann beschreibt das Haus, das er bewohnte: «*Es ist nötig zu sagen, daß mein Vetter ziemlich hoch in kleinen niedrigen Zimmern wohnt. Das ist nun Schriftsteller- und Dichtersitte. Was tut die niedrige Stubendecke? Die Phantasie fliegt empor und baut sich ein hohes, lustiges Gewölbe bis in den blauen glänzenden Himmel. So ist des Dichters enges Gemach, wie jener zwischen vier Mauern eingeschlossene, zehn Fuß im Geviert große Garten, zwar nicht breit und lang, hat aber stets eine schöne Höhe. Dabei liegt aber meines Vetters Logis in dem schönsten Teile der Hauptstadt, nämlich auf dem großem Markte, der von den Prachtbauten umschlossen ist, und in dessen Mitte das kolossal und genial erdachte Theatergebäude prangt. Es ist ein Eckhaus, das mein Vetter bewohnt, und aus dem Fenster eines kleines Kabinetts übersieht er mit einem Blick das ganze Panorama des grandiosen Platzes.*»

Zu den auch mit dem Namen Hoffmanns verbundenen Bauten gehörte das einstige Weinlokal von Lutter & Wegner. Bei diesem Lokal handelte es sich um einen Ort der Geselligkeit mit hoher kulturgeschichtlicher Wirkung. Die Gaststube fand Eingang in die Weltmusikliteratur als Spielort der Rahmenhandlung von Jacques Offenbachs bekannter Oper «*Hoffmanns Erzählungen*», uraufgeführt im Jahre 1881. Gemeint ist tatsächlich E.T.A. Hoffmann, der bei Lutter & Wegner sein Stammlokal hatte.

Die Oper Offenbachs machte das Etablissement weltweit bekannt. Die Akten weisen aus, daß Grundstück und Haus «*... von dem Jouvelier Jean Guillaume Pringal vermögens des bei dem Französischen Colonie Gerichte am 15. Februar 1806 geschlossenen Kauf Contractes für 25 000 Reichsthaler*» an den Weinhändler Christian Sigismund Trenck verkauft wurden. Bis dahin war das Haus als Koloniegebäude

(der Französischen Kolonie) genutzt worden und ist 1799 als solches auch ausgewiesen. Zugleich war es privates Wohnhaus.

Trenck richtete hier 1806 oder 1807 eine Weinhandlung ein, die er mit einem Ausschank verband. 1811 pachteten die Kaufleute Lutter & Wegner das Lokal. Am 3. November 1818 schließlich verkaufte Trenck Grundstück und Gebäude «*für 31 300 Thaler an den hiesigen Bürger und Kaufmann Christoph Lutter und an den hiesigen Bürger und Kaufmann August Friedrich Wegner*». Demnach übernahmen Lutter & Wegner zunächst ein bereits bestehendes Geschäft in Pacht (so 1812 im Berliner Adreßbuch ausgewiesen), um es dann 1818 zu erwerben.

Am 12. Dezember 1827 zahlte der Kaufmann Lutter seinen Kompagnon Wegner mit 20 000 Thalern aus und war von da an Alleineigentümer des Lokals und der Weinhandlung. Anfangs behielt er den Namen Lutter & Wegner bei, legte ihn später aber ab. Das Unternehmen firmierte bis in die dreißiger Jahre des 20. Jahrhunderts (so ist es auch auf alten Fotografien belegt) als Weinhandlung Lutter beziehungsweise Lutter & Co. Erst dann – inzwischen in Staatsbesitz übergegangen – nahm es den Namen Lutter & Wegner wieder an.

In den Keller dieses Hauses also verlegte Jacques Offenbach den Schauplatz der Rahmenhandlung seiner Oper. Hoffmann starb am 25. Juni 1822. Die Einrichtung des Kellers als Gaststube – so belegen es die Quellen – erfolgte aber erst im Jahre 1835, so daß Hoffmann ihn gar nicht gekannt haben konnte, es sei denn als Abstellraum oder Kohlenkeller. Die Bezeichnung E.T.A.Hoffmann-Keller ist also legendär und irreführend. Hoffmann verkehrte aber im Weinlokal, und dort ist er auch mit Devrient auf einem – allerdings ebenfalls postumen – Gemälde porträtiert. (Abb. 65)

65 E.T.A. Hoffmann und Ludwig Devrient bei Lutter & Wegner,
Gemälde von Hermann Kramer, 1843, Märkisches Museum, Berlin

66 *Der Gensd'armen-Markt im Winter, Gemälde von Eduard Gaertner, 1837, Stiftung Schlösser und Gärten Potsdam-Sanssouci*

Ein anderer wichtiger Erinnerungsort war das Café Stehely in der Charlottenstraße. Es lag an der Ecke Charlotten- und Jägerstraße, in der Nähe des Schauspielhauses. Am 12. August 1820 annoncierte der aus dem Engadin stammende Conditeur Johann Stehely, daß er an diesem Ort ein Café eröffnen werde. Es lag im Zuge der Zeit, daß Schweizer Konditoren, wegen des von ihnen verfertigten Zuckerwerks besonders beliebt, sich auch in Berlin niederließen. Zunächst war an diesem Schritt nichts Bedeutendes; Zeitpunkt und Standort waren günstig gewählt. Das Café befand sich hinter dem Theater, konnte also von den dort Tätigen und von den Gästen ohne größere Wege aufgesucht werden.

Die ersten Besucher kamen dann auch aus dem Kreis der Theaterleute, und es war für Jahre zunächst eine Konditorei mit dieser speziellen Färbung. Doch dann ließen der Umschwung im politischen Leben in Preußen durch die Demagogenverfolgung sowie die zunehmende Ausprägung eines revolutionären Demokratismus in Teilen des Bürgertums

67 *Die Aufbahrung der Märzgefallenen, Gemälde (unvollendet) von*
Adolph Menzel, 1848, Hamburg, Kunsthalle

einem Einfall Stehelys besonderes Gewicht zukommen: Der geschäftstüchtige Konditor
abonnierte eine Vielzahl politischer Zeitungen
und Zeitschriften und legte sie in seinem Café
aus, so daß der Gast zugleich Zeitungsleser
war. Das taten andere seiner Berufskollegen
auch; er wählte aber geschickter aus und hielt
überwiegend republikanische Zeitungen, vor
allem aus dem Ausland. Schließlich kamen die
Besucher vorrangig wegen der ausliegenden
Zeitungen. (Abb. 63 und 64)

Insgesamt gab es zehn solcher Konditoreien
in Berlin. Die Nachbarschaft zum Schauspielhaus, die Nähe zur Universität sowie die gün-
stige Lage am Platz, dem wohl entscheidenden Zentrum kleinbürgerlich-demokratischen
Lebens in Berlin, trugen der Conditorei Stehely
den Ruf ein, ein Mittelpunkt des geistigen

Lebens, «eine Wetterfahne des politischen Lebens in der Residenz», zu sein. Mitte der vierziger Jahre des 19. Jahrhunderts ging die Bedeutung Stehelys zurück – nicht weil die Idee zurückgenommen worden wäre, sondern weil sie sich überlebte. Die Schauplätze der politischen Auseinandersetzungen verlagerten sich aus den Lesecafés auf die Straße. Der «Kartoffelaufstand» vom 21. April 1847 sowie die Barrikadenkämpfe vom 18. und 19. März 1848 und die Aufbahrung der Märzgefallenen am 22. März 1948 dokumentieren dies.

Die revolutionären Kämpfe des 18. und 19. März 1848 um demokratische Veränderungen in Preußen fanden in gewisser Weise an diesem Ort ihren Mittelpunkt, da hier die Ehrung der Gefallenen stattfand. Während der Kämpfe trug man die Verwundeten in die Deutsche Kirche, und dann bahrte die Bevölkerung ihre Toten vor dem Deutschen Turm auf, der dadurch die Rolle eines Panthéons, eines deutschen Ehrentempels, erhielt. Die Aufbahrung der Märzgefallenen hat Menzel in seinem berühmten gleichnamigen Gemälde verewigt, das wohl nicht ohne Grund unvollendet blieb. (Abb. 67)

Schillerdenkmal und Schillerplatz

Das herausragende Ereignis der Jahre zwischen 1850 und 1871 an diesem Platz war die Errichtung eines Denkmals für Friedrich Schiller. In einer an politischen und geistigen Auseinandersetzungen armen Zeit bildete die Aufstellung eines Denkmals für den Dichter bürgerlichen Gedankengutes und den Propagandisten der Überwindung der staatlichen Zersplitterung Deutschlands in den fünfziger Jahren des 19. Jahrhunderts ein breite Kreise

der Bevölkerung bewegendes Thema. Mit Vehemenz und Leidenschaft, die dem Gegenstand wohl angemessen waren, stritten aufrechte Demokraten, Gegner der restriktiven Adelspolitik sowie Vertreter der frühen Arbeiterbewegung für dieses Denkmal. Berlin stand, indem es kein Monument des Dichters besaß, hinter vielen Städten Deutschlands zurück. Die politische Reaktion, der vor allem Schillers frühes Schauspiel *Die Räuber* suspekt war, wollte keinen Dichter ehren, der es gewagt hatte, Räubern eine positive Rolle zuzuweisen.

Dessenungeachtet wirkte ein Komitee und sammelte Geld, denn man hatte sich die Aufgabe gestellt, zur hundertsten Wiederkehr des Geburtstages von Schiller den Grundstein zu legen, um zehn Jahre später das Denkmal zu enthüllen. Als Standort kam nur der Gensd'armen-Markt in Frage; einerseits erlebten Schillers Dramen in dem dort gelegenen Theater Triumphe, und andererseits gab es im bürgerlichen Selbstverständnis keinen zweiten Platz von dieser Bedeutung. Tatsächlich erfolgte am 10. November 1859 die Grundsteinlegung. Man wählte einen Platz inmitten des Marktes vor dem Schauspielhaus. Das Denkmalkomitee bezeichnete den künftigen Standort symbolisch mit einem Holzgitter (Abb. 68) und legte fest, daß am 10. November 1969 die Einweihung stattfinden sollte. An der Feierlichkeit der Grundsteinlegung nahm die Berliner Bevölkerung überaus zahlreich teil und machte die Errichtung des Denkmals zu ihrer Sache.

Nun entbrannte der Streit, ob man Goethe und Schiller zusammen – vielleicht auch mit Lessing – darstellen sollte. Gutachten und Zeitungsgefechte wurden geliefert. Erst nachdem sich das konkurrierende Goethekomitee für einen anderen Standort entschieden hatte, konnte der Wettbewerb ausgeschrieben werden. Fünfundzwanzig Bildhauer beteiligten

68 Der von einem Schutzgitter umgebene Grundstein des Schillerdenkmals, Fotografie, um 1860/1870

sich, sieben Arbeiten kamen in die engere Wahl. Erneut enbrannte der Streit, wiederum mit großem Widerhall in der Presse ausgetragen. Als Sieger ging Reinhold Begas hervor. Der Schüler Christian Daniel Rauchs stand ganz unter dem Einfluß Gottfried Schadows und eiferte Michelangelo nach. Er entwickelte sich im Laufe der Jahre zum Hauptvertreter der neubarocken Plastik in Berlin. Die Stadt

verdankt ihm unter anderem den Neptun-Brunnen (heute vor dem Roten Rathaus) sowie das Denkmal Alexander von Humboldts vor der Universität.

1863 ging Begas an die Arbeit, erst der dritte Entwurf fand seine Zufriedenheit und den Beifall des Denkmalkomitees. Nach längerem Zögern entschloß er sich, die Statue in Marmor auszuführen. Schiller steht aufrecht auf hohem

69 Das Schillerdenkmal, Meßbild, vor 1914

Piedestal, geschmückt mit dem Dichterkranz. Zu seinen Füßen die «Lyrik», seelenvoll blikkend, und das «Drama», den *Dolch im Gewande». Auf der Rückseite schaut die «Geschichte» vertrauensvoll in die Zukunft, das Vergangene wägend, und als vierte Frauengestalt erscheint die «Philosophie», die ihr umhülltes Haupt über eine Pergamentrolle beugt, auf der zu lesen ist *«Erkenne Dich selbst»*. Auf den Seiten zwei

kleine Reliefs: «Musen bringen Schiller die Lyra» und «Schillers Aufnahme unter die großen Geister der Vorzeit» – Homer und William Shakespeare begrüßen ihn. (Abb. 69)

Pünktlich wurde Begas fertig, doch das Denkmal stand monatelang verhüllt. Die Zeitläufte waren andere geworden. Man hatte sich «großgehungert» und »-gehorcht». An die Stelle des nüchternen Bürgersinns trat der nationali-

97

70 *Das Ungersche Haus nach dem Umbau für die Berliner*
Handelsgesellschaft, Fotografie von F. Albert Schwartz, um 1888

stische Taumel nach den Siegen über Däne-
mark (1864) und Österreich (1866). König Wilhelm wollte erst das Denkmal seines Vaters
Friedrich Wilhelms III. aufgestellt wissen. Im
Rausch des Sieges über Frankreich (1871) ging
der Gedanke an das Denkmal auf dem
Gensd'armen-Markt unter. Als dann am 16.
Juni 1871 das Monument für den Monarchen
im Lustgarten eingeweiht wurde, stand der

Enthüllung des Schillerdenkmals nichts mehr
im Wege. Auseinandersetzungen um die Ein-
weihungsfeier beschäftigten Magistrat und
Stadtverordnetenversammlung. Aus den Doku-
menten erfahren wir aber von einem wichtigen Vorgang: Am 5. Oktober 1871 ersuchte die
Stadtverordnetenversammlung den Magistrat,
«Schritte zu thun, daß der Gensd'armen-Markt
in 'Schillerplatz' umgewandelt werde».

*71 Gebäude der Berliner Handelsgesellschaft nach dem
Umbau durch Alfred Messel (um 1890) und Heinrich Schweitzer
(1910/11), Meßbild, vor 1925*

*72 Markgrafenstraße 41 und 42, Fotografie von F. Albert Schwartz,
um 1895*

Die Stadtverordnetenversammlung nahm dann am 29. Dezember 1871 nach den Einweihungsfeierlichkeiten vom 10. November zur Kenntnis, *«daß nach Allerhöchster Ordre vom 20. November d. Js. der zwischen der Jäger- und* Taubenstraße belegene Theil des Gensd'armenmarkts fortan die Bezeichnung 'Schillerplatz' führen soll».* Amtliche Karten und Dokumente tragen denn auch diese Bezeichnung bis weit in die dreißiger Jahre des 20. Jahrhunderts,

73 *Markgrafen-/Ecke Taubenstraße mit den Schornsteinen der Central-Station, Fotografie von F. Albert Schwartz, um 1895*

und selbst die Stadtpläne mußten die Bezeichnung aufnehmen, aber durchgesetzt hat sich der Name nie.

Am 16. August 1950 beschloß der Magistrat, den «Gendarmen-Markt in 'Platz der Akademie'» umzubenennen, was ohne Kenntnis der Geschichte und der Umstände der Namensbildung geschah. Der neue Name stellte sich als wenig beziehungsreich heraus. Im Zusammenhang mit der Wiedergewinnung des Platzes wuchsen die Hoffnungen, auch den histori-

schen Namen zurückzuerhalten. 1991 war es dann soweit, aber leider erfolgte die Rückbenennung wieder ohne Befragen der Akten.

Spekulationen, Vernichtung und Wiedergewinnung

Ab 1871 rückte der Gensd'armen-Markt aus der Reihe der herausragenden Handlungsorte der Berliner Geschichte. Der Alltag des Bieder-

74 *Marktszene auf dem Gensd'armen-Markt, Fotografie von*
F. Albert Schwartz, 1886

meiers und seine Bühne waren verändert, in die Häuser am Platze zogen Banken und Versicherungen. Nach und nach ließen sie sich neue repräsentative und platzgestaltende Geschäftslokale errichten. (Abb. 72) Es entstanden aber auch Bauten, die den Ort aus seiner architektonischen Dimension warfen. Erhalten als Ort der Kunst blieb das Theater.

Die neue Funktion als Hauptstadt des Deutschen Kaiserreichs führte zur Umgestaltung der inneren Struktur des Zentrums Berlins. Eigentlich planlos übernahmen die Reichsbehörden die alten und viel zu engen Bauten des preußischen Staates, insbesondere in der Wilhelmstraße, und versuchten, sie den neuen Bedürfnissen und Funktionen anzupassen. Man preßte die großen Banken, Versicherungen und Konzernleitungen in die alten Quartiere und zerstörte damit nach und nach das historisch gewachsene Stadtbild. Alle Behörden, Institutionen und zentralen Lenkungsorgane mußten sich in der Nähe des Berliner Schlosses, der Wilhelmstraße und später des Reichstags befinden, um die notwendigen Kommuni-

75 Der Gensd'armen-Markt nach den Umgestaltungen, Fotografie,
um 1896

kationen zu gewährleisten. Die etwas abseitige Lage des Gensd'armen-Marktes führte dazu, daß der Ort erst Ende der siebziger Jahre voll in dieses Konzept einbezogen wurde.

Zu den Banken, die ihren Standort an diesem Platz wählten, gehörte die Berliner Handelsgesellschaft, eine der wichtigsten Geldinstitute des Kaiserreichs. Sie beseitigte zwar die gewachsene Bausubstanz, setzte aber an deren Stelle wertvolle Neubauten. In dem alten Ungerschen Wohnhaus in der Französischen Straße 42 entstanden 1837 zunächst Büro-

räume für Unternehmen. 1856 mietete die «Commanditgesellschaft auf Actien Berliner Handelsgesellschaft» diese Räume. Der beginnende Ausbau Berlins als Bank- und Handelszentrum führte am 2. Juli 1856 zur Gründung dieser Bank, die unter der Leitung von Carl Fürstenberg stand. Sie entwickelte sich bald zu einer der bedeutendsten Großbanken Deutschlands und zu *der* deutschen Kapitalbank ohne Filialen, die sich vor allem mit großindustriellen Emissionsgeschäften und der Vergabe von Krediten beschäftigte. Die Bank dehnte

77 *Charlottenstraße zwischen Französischer und Jägerstraße,*
Fotografie von F. Albert Schwartz, um 1895

ihre Büroräume nach und nach fast auf die ganze Nordseite des Platzes aus. Am 20. März 1868 kaufte die Berliner Handelsgesellschaft das Haus Französische Straße 42 für 150 000 Taler und nutzte es zunächst ohne bauliche Veränderungen. Erst in der Gründerphase 1872 begann man, das vorhandene Gebäude für die Zwecke der Bank umzugestalten. Dieser Umbau tastete die Grundstruktur des alten Bauwerks noch nicht an. (Abb. 70)

1889 verfiel der alte Bau der Spitzhacke. Der Architekt Alfred Messel errichtete an diesem Ort einen Neubau. Mit dem Namen Messel verbindet sich eine neue Periode der Berliner Architekturentwicklung. Er überwand den barocken Gründerzeitstil und setzte an seine

76 *Französische Kirche mit Turm, Fotografie, um 1910*

105

79 *Markgrafen-/Ecke Jägerstraße mit den zwischen 1901 und 1908*
vollzogenen Um- und Neubauten, Meßbild, um 1920

Stelle maßvolle Bauten in feingliedriger Verti-kalbetonung. Messel hegte eine Vorliebe für ansehnliche Dachkonstruktionen, wie sie bei dem ebenfalls zur Berliner Handelsgesell-schaft gehörenden Bau in der Behrenstraße noch heute zu bewundern ist. Der Hauptbau in

der Französischen Straße 42 verlor sein Dach im letzten Krieg; es besteht Hoffnung, daß die-ser vornehme Bau (Abb. 71) in naher Zukunft sein wohlproportioniertes Dach zurückerhält. 1909 erwarb die Bank das Nachbargrundstück Französische Straße 43 samt Bebauung für 3

78 *Markgrafen-/Ecke Mohrenstraße nach Neubebauung,*
Fotografie von F. Albert Schwartz, um 1900

80 *Pflügen vor dem Französischen Turm im November 1942*

Millionen Reichsmark und ließ 1910/11 von dem Architekten Heinrich Schweitzer im Stile Messels einen Erweiterungsbau vornehmen, der sich später auch auf das Grundstück Französische Straße 44 erstreckte. Alle drei Häuser sind einheitlich auf den alten Grundstücksbreiten errichtet und tragen deutlich die Handschrift Messels. Die Erdgeschoßzone ist rustiziert, die Obergeschosse sind durch Kolossalpilaster zusammengefaßt. Die Beibehaltung

81 *Absturz der «Triumphierenden Religion» nach dem Bombenangriff vom 24. Mai 1944*

82 Mittelteil der Ruine der Lotteriedirektion, um 1946

des baulichen Grundgedankens Messels durch Schweitzer ließ ein den Platz gestaltendes Bauwerk von hoher Qualität entstehen.

Ähnliche Entwicklungen vollzogen sich auf anderen Grundstücken am Platz, allerdings ohne eine gestaltende Hand. Deshalb blieb das Ergebnis oft unbefriedigend. Einzelne Architekten und Baumeister meinten, auf den Nachbarn keine Rücksicht nehmen zu müssen. (Abb. 73) Hinzu kamen Spekulanten, die keine Beziehung zur Geschichte hatten oder herstel-

len wollten; für sie stand die Verwertung des Grundstücks beziehungsweise die Erlangung einer hohen Rendite im Mittelpunkt. Die Konsequenz war die Vernichtung des historischen Bildes, so daß an die Stelle des alten, harmonischen Ensembles ein Konglomerat von Bauten trat, das letztendlich den Zugang zur großen Geschichte des Platzes versperrte. (Abb. 77, 78 und 79) Als im April 1886 auch der Marktbetrieb aus hygienischen Gründen geschlossen werden mußte, büßte der Platz einen wesent-

83 Autowracks auf dem Gensd'armen-Markt, um 1946

lichen Teil seiner Lebendigkeit ein. (Abb. 74 und 75) Umbauten an den Kirchen folgten, so an der Französischen Kirche durch den Architekten Otto March im Jahre 1904. (Abb. 76)

Die Politik «griff» nach dem Platz; er wurde aber zu keinem Zeitpunkt mehr Schauplatz überragender Ereignisse. Zunächst veränderte die Wiederbelebung eines falsch verstandenen Preußentums in den dreißiger Jahren die Straßenfronten. Der Mangel der nun vorhandenen Platzgestaltung war erkannt worden.

Durch Minimierung von Zierat des wilhelminischen Barocks sollte die Randbebauung zurückgedrängt werden. Preußische Staatsbehörden und Dienststellen des Deutschen Reiches erwarben nach und nach die Grundstücke und verkleideten die Häuserfassaden mit grauem «heldischen» Sandstein.

Im Februar 1936 verschwand die Statue Schillers; angeblich paßte sie in ihren Proportionen nicht zu den Bauten auf dem Platz. Dahinter stand aber ein neuer Nutzungsgedanke.

85 *Ruine des Schauspielhauses nach den Aufräumungsarbeiten*

Diese Stätte preußischer Geschichte – dazu jedenfalls in den Zeitungen hochstilisiert – diente jedes Jahr zu «Führers Geburtstag» dazu, die «Pimpfe» in die Hitlerjugend aufzunehmen.

Es folgte der zweite Weltkrieg und die alliierten Luftangriffe auf Berlin. Die Grünflächen des Platzes wurden zum Anbau von Mohn genutzt. (Abb. 80) Am 23. November 1943 brannten der Deutsche Turm und die Kirche teilweise, am 29./30. Januar 1945 dann völlig aus. Die Bomben vom 23. November 1943 trafen auch das Schauspielhaus; ihnen fiel der südliche Flügel mit dem Konzertsaal, dem einzi-

84 *Provisorische Nutzung des Weinkellers Lutter & Wegner, 1947*

87 *Ruine des Deutschen Turms und der Deutschen Kirche*

gen noch aus dem Ursprungsbau erhaltenen Teil, zum Opfer. Die Bombenreihe setzte vor dem Französischen Turm aus und schlug dann in die Gebäude der Berliner Handelsgesellschaft ein. Am 7. Mai 1944 zerstörten Spreng- und Brandbomben die Französische Kirche.

Am 24. Mai erhielt der Französische Turm Treffer, die Flammen vernichteten seinen oberen Teil völlig, brennend stürzte die Figur der Triumphierenden Religion in die Tiefe. (Abb. 81) Gleichzeitig fiel die Randbebauung in Trümmer. (Abb. 82) In der Schlacht um Berlin

86 *Die Französische Kirche nach den Kriegszerstörungen*

*89 Schauspielhaus und Französische Kirche mit Turm nach der
Wiederherstellung 1987*

verschanzten sich schließlich versprengte SS-Einheiten in den Ruinen, insbesondere im Schauspielhaus. Sie kämpften auch nach der Kapitulation weiter. Dabei brannten die bisher nicht zerstörten Teile dieses Baues aus. (Abb. 85)

Nach dem Inferno lag der Platz in Schutt und Asche, niemanden interessierte zunächst seine Wiedergewinnung. Ruinen und Autowracks beherrschten das Bild (Abb. 83), nur ein kümmerliches Leben war übriggeblieben. (Abb. 84)

Die prachtvollen Bauten waren zu Torsi verstümmelt.(Abb. 86 und 87)

Nach längeren Auseinandersetzungen, die bereits 1946 begannen, siegte aber die Erkenntnis, daß dieser Platz mit seiner reichen Kulturtradition wieder zu beleben sei. Im Jahre 1948, anläßlich der 100. Wiederkehr der Aufbahrung der Toten der Revolution von 1848, begannen die Enttrümmerungsarbeiten. Es folgte der Auftritt des Alexandrow-Ensembles am 18. August des Jahres auf dem

*88 Westseite der Französischen Kirche mit Turm nach der
Wiederherstellung 1987*

90 *Französische Kirche mit Turm sowie Randbebauung in der Markgrafenstraße, 1990*

*91 Neubebauung der Charlottenstraße gegenüber der
Französischen Kirche, 1987*

Gensd'armen-Markt. Erste Zeichen waren gesetzt, und als die Entscheidung fiel, den Hauptsitz der Akademie der Wissenschaften hierher zu legen, kehrte langsam das Leben zurück. Initiativen zur denkmalpflegerischen Wiedergewinnung des Platzes erlahmten trotz Geldmangels nicht. Diesem – wenn auch nur von wenigen getragenen – Engagement gelang es nach zähen Bemühungen im Jahre 1967, erste Aktivitäten auszulösen. Doch brauchte es noch neun Jahre, um das Interesse von Partei- und Staatsführung der Ex-DDR ernsthaft zu wecken und endlich die notwendigen Entscheidungen herbeizuführen.

Dahinter steckte neben dem Mangel an finanziellen Mitteln vor allem ein durch viele Jahre kultivierter «Haß» auf die eigene Geschichte. Es gab zahlreiche – sogar öffentlich geführte – Auseinandersetzungen über Preußen und seine Rolle in der deutschen Geschichte, über die Rolle Schinkels, der als *«Fürstenknecht»* gebrandmarkt wurde. Da Hitlers Leibarchitekt Albert Speer sich diesem Baumeister verpflichtet gefühlt hatte, sollte mit

Speer auch Schinkel «fallen». Dann wurde die Frage aufgeworfen, ob ein sich als atheistisch deklarierender Staat Kirchenbauten wiedererrichten solle. Es gab ein breites Drängen, insbesondere von intellektuellen Kreisen: Musiker, die eine Wirkungsstätte brauchten, Bildhauer, die sich an den überlieferten Werken messen wollten, Denkmalpfleger, für die der Erhalt des Überlieferten keine Frage darstellte, und Freunde der Berliner Historie, die einen wichtigen Punkt der Stadtgeschichte wiedergewinnen wollten. Sie mußten sich gegen einen «revolutionären Romantizismus» durchsetzen, wie er sich in der Liedzeile «Fort mit den Trümmern und was Neues hingebaut» manifestierte.

Außenstehende werden heute das Ringen um den Platz und die «listenreichen» Umwege, die zu gehen waren, nicht mehr verstehen. Im Rahmen der Diskussion um das Verhältnis von Tradition und Erbe in der deutschen Geschichte gelang es, den Platz, auf dem die Revolution von 1848 ihr Ende gefunden hatte, zu einem Teil des unverzichtbaren Erbes zu erklären. Auf dieser Basis wurde 1976 der Vorschlag unterbreitet, ihn in seinem äußeren Bild so zu rekonstruieren, wie er im Jahre 1848 ausgesehen hatte. Erste Gedanken dieser Art riefen in der Öffentlichkeit zwar Ablehnung hervor. Doch am Ende stand der Beschluß, den Platz wiederzuerrichten.

Umfangreiche Bauarbeiten begannen, viel Engagement und Detailforschung waren erforderlich. Auch hier erfolgte eine Auseinandersetzung, die ihren Ursprung in einer alten Berliner Architektentradition hatte: Jeder konnte die Fehler seines Vorgängers benennen, und jeder wollte es besser machen. Am 18. April 1983 wurde die Französische Friedrichstadtkirche in Nutzung genommen (Abb. 88), am 8. Oktober 1984 folgte die Eröffnung des Schauspielhauses (Abb. 89) und 1987 des Französischen Turms. Neubauten in den Straßenzügen um den Platz entstanden. (Abb. 91) 1989 kam es zur Wiederaufstellung des Schillerdenkmals. Damit erhielt der Gendarmenmarkt zunehmend seine historischen Konturen wieder. (Abb. 90 und 92) Offen ist gegenwärtig die Beendigung der Bauarbeiten am Deutschen Turm und an der Deutschen Kirche. Ebenso sind Fragen des Abschlusses der Randbebauung zu klären; optimistische Prognosen nennen das Jahr 1996 für die Fertigstellung. Gehen wir davon aus, daß dann der alte Gensd'armen-Markt als geschlossenes Ensemble seine beherrschende Rolle im alten Stadtzentrum wiedergewonnen haben wird.

92 Ansicht des Gendarmenmarktes 1989

Personenregister

Fotonachweis: Staatliche Museen zu Berlin – Preußischer Kulturbesitz, Kupferstichkabinett: 36; Nationalgalerie: 57; Bildarchiv Preußischer Kulturbesitz: 84; Märkisches Museum, Berlin: 20, 34, 70, 72, 73, 78; Hugenottenmuseum, Berlin: 2, 7, 10, 68, 76, 81, 86; Berlin Museum (Hans Joachim Bartel): 54, 63; Stiftung Schlösser und Gärten Potsdam-Sanssouci: 9, 12, 29; Staatsbibliothek zu Berlin – Preußischer Kulturbesitz, Kartenabteilung: 17, 50; Brandenburgisches Landesamt für Denkmalpflege, Meßbildarchiv, Berlin: 22, 26, 45, 46, 49, 58–62, 69, 71, 79; Dokumentationsstelle Denkmalpflege, Berlin: 40, 82, 83, 85; Landesarchiv Berlin: 11, 13, 14, 18, 19, 23, 24, 38, 39, 41–43, 47, 51, 52, 75, 77; Stadtarchiv Berlin: 74; Technische Universität, Berlin, Plan-Sammlung: 35; Deutsche Fotothek, Dresden: 31, 37, 87; ADN GmbH, Bildarchiv Berlin: 80, 90, 92; Dietmar Riemann: 5, 6, 8, 15, 16, 27, 28, 32, 33, 44, 48, 53, 55, 56, 64–66; Foto Kleinhempel, Hamburg: 67; Hans-Joachim Bartsch, Berlin: 30; Dieter Breitenborn, Berlin: 4; Joachim Fritz, Basdorf: 89; Klaus Reutermann, Berlin: 88, 91; aus Büchern: 3, 21, 25

Ingrid Bartmann-Kompa

Das Berliner Rathaus

Neben dem Brandenburger Tor ist das Rote Rathaus mit seinem 97 Meter hohen Turm eines der Wahrzeichen Berlins und eine Dominante in der Stadtsilhouette. Der 1860 bis 1869 im Auftrag des Magistrats der preußischen Haupt- und Residenzstadt des Königreiches Brandenburg-Preußen vom Architekten Herrmann Friedrich Waesemann errichtete Ziegel-Terrakotta-Bau wird heute zu den wichtigsten Werken der Architektur des 19. Jahrhunderts gezählt. Der Stadt Berlin war es damit gelungen, den ersten großstädtischen deutschen Verwaltungsbau zu errichten, bevor diese Aufgabe in München, Wien, Hamburg und Leipzig bewältigt wurde.
Auf der Grundlage langjähriger Studien schildert die Autorin die Vorgeschichte des Rathausbaus im 18./19. Jahrhundert, sie stellt die von 1856 bis 1858 von verschiedenen Architekten erarbeiteten Wettbewerbsentwürfe vor, berichtet über die Übernahme des Projekts durch Herrmann Friedrich Waesemann und sein Büro. Weitere Darlegungen gelten dem Rathaus als städtischem Repräsentationsbau, seiner Ausschmückung und seinem Kunstbesitz. Erwähnt werden die baulichen Veränderungen 1921, der Umbau des Stadtverordneten-Sitzungssaales nach Plänen von Ludwig Hoffmann, die in den Jahren 1934 bis 1938 nach Entwürfen von Richard Ermisch durchgeführten Umbauten, Kriegszerstörung und Wiederaufbau in den fünfziger Jahren unter Leitung von Fritz Meinhardt, die Aufbringung zweier neuer Bronzeglocken der Apoldaer Firma Schilling für das Schlagwerk der Turmuhr sowie die jüngsten Instandsetzungsarbeiten am Sitz des Regierenden Bürgermeisters der wiedervereinigten Stadt.

120 Seiten, 27 Farbtafeln und 78 Schwarzweiß-Abbildungen, 19,5 x 22 cm, gebunden
29,80 DM
ISBN 3-89487-130-X

HENSCHEL VERLAG BERLIN

Klaus-Dietrich Gandert

Vom Prinzenpalais zur Humboldt-Universität

Die historische Entwicklung des Universitätsgebäudes in Berlin mit seinen Gartenanlagen und Denkmälern

Die Publikation stellt die bau-, kultur- und gartengeschichtliche Entwicklung des angestammten Domizils der ehrwürdigen Alma mater berolinensis von der Mitte des 18. Jahrhunderts bis heute zusammenfassend dar. Das als Palais für den Prinzen Heinrich, den Bruder König Friedrichs II., errichtete spätere Universitätsgebäude gehört zu den nicht mehr sehr zahlreichen überlieferten Bauten des 18. Jahrhunderts in der ehemals brandenburgisch-preußischen Metropole. Es liegt überdies an einem der schönsten Plätze der Stadt, an der traditionsreichen Straße *Unter den Linden*. Der Autor schildert die vielschichtigen Wandlungen und Veränderungen, die Bauwerke und Gartenanlagen immer wieder erfahren haben, wobei die Aussagen durch archivalische Quellen und zeitgenössische Berichte belegt werden. So erhält der Leser umfängliche Information über alle Etappen des wechselvollen Weges dieses markanten Architekturdenkmals vom prinzlichen Palais zur Universität von Weltruf. Das zugeordnete, bislang teilweise unbekannte Bildmaterial mit topographischen Ansichten, Innenraumdarstellungen und Plänen verleiht dem Text große Anschaulichkeit.

3. bearbeitete Auflage
200 Seiten, 13 Farbtafeln und 124 Schwarzweiß-Abbildungen, 19,5 x 22 cm, gebunden
34,– DM
ISBN 3-89487-011-7

HENSCHEL VERLAG BERLIN

Edit Trost

Eduard Gaertner

Der Berliner Architekturmaler Eduard Gaertner (1801–1877) dokumentierte mit seinen Stadtbildern von Repräsentationsbauten, Brücken, Straßen, aber auch engen Gassen und Wohnhäusern Entwicklung und Atmosphäre der preußischen Hauptstadt in der Zeit des Biedermeier und Vormärz. Besonders seine Panoramen, das Berliner, gemalt vom Dach der Friedrichswerderschen Kirche, und das Moskauer, bestechen durch die hochentwickelte Technik der Perspektive. Sie zeigen die Qualitäten einer spezialisierten Malerei, die bald darauf von der Photographie abgelöst werden sollte.
Im Vorfeld der sich ankündigenden Gründerjahre mit ihren einschneidenden Veränderungen für Stadt und Menschen widmete sich Gaertner mehr der Landschaftsmalerei. Er erkundete die nähere und weitere Umgebung Berlins und hielt sie in Aquarellen und kleineren Ölbildern fest, die durch ihren malerischen Wert beeindrucken. Doch der damalige Zeitgeschmack bevorzugte andere Sujets, Menzel malte sein «Eisenwalzwerk», und Gaertner ward vergessen. Heute schätzen wir den Künstler als ausgezeichneten Chronisten einer vergangenen Epoche und seine Werke als Glanzstücke der Architekturmalerei.
Doppelseitige Farbabbildungen und die Auswahl bisher unveröffentlichter Zeichnungen, Skizzen und Studien aus dem Nachlaß des Künstlers bestimmen die hohe optische Attraktivität. Die Einbeziehung zeitgenössischer Quellen wie der Tagebücher Gaertners geben Einblick in den Schaffensprozeß der Werke und ihre Rezeptionsgeschichte.

128 Seiten, 42 Farbtafeln und 65 Schwarzweiß-Abbildungen, 24 x 27 cm, Leinen
39,80 DM
ISBN 3-89487-156-3

HENSCHEL VERLAG BERLIN

Standort wichtiger Gebäude am

aus G.

1. Berliner Handelsgesellschaft
2. Preußische Pfandbriefbank
3. Französische Kirche und Französischer Turm
4. Schillerplatz
5. Preußische Seehandlung